U0278877

德绍包豪斯建筑
Bauhaus Bauten Dessau

重访包豪斯 丛书
BAU BOOKS

华中科技大学出版社
http://press.hust.edu.cn
中国·武汉

德 绍 包 豪 斯 建 筑
Bauhaus Bauten Dessau

著　[德] 瓦尔特·格罗皮乌斯

补遗　[德] 菲利普·奥斯瓦尔特

编　王家浩

译　BAU 学社

图书在版编目（CIP）数据

德绍包豪斯建筑 /（德）瓦尔特·格罗皮乌斯著；（德）
菲利普·奥斯瓦尔特补遗；王家浩编；BAU 学社译 .
武汉：华中科技大学出版社，2024.11. --（重访包
豪斯丛书 / 周诗岩，王家浩主编）. -- ISBN 978-7
-5772-1175-6
Ⅰ . TU206
中国国家版本馆 CIP 数据核字第 2024GW8164 号

Bauhaus bauten dessau
by Walter Gropius
Copyright©1930 Albert Langen Verlag
©The Bauhaus building in Dessau© Philipp Oswalt
Simplified Chinese translation copyright©2024
by Huazhong University of Science & Technology
Press Co., Ltd.

重访包豪斯丛书 / 丛书主编　周诗岩　王家浩

德绍包豪斯建筑
DESHAO BAOHAOSI JIANZHU
著：　[德] 瓦尔特·格罗皮乌斯
补遗：　[德] 菲利普·奥斯瓦尔特
编：　王家浩
译：　BAU 学社

出版发行：华中科技大学出版社（中国·武汉）
　　　　　武汉市东湖新技术开发区华工科技园
电　　话：（027）81321913
邮　　编：430223

策划编辑：王　娜
责任编辑：王　娜
美术编辑：回　声　工作室
责任监印：朱　玢

印　　刷：武汉精一佳印刷有限公司
开　　本：710 mm×1000 mm 1/16
印　　张：17.75
字　　数：261 千字
版　　次：2024 年 11 月第 1 版　第 1 次印刷
定　　价：118.00 元

投稿邮箱：wangn@hustp.com
本书若有印装质量问题，请向出版社营销中心调换
全国免费服务热线：400-6679-118　竭诚为您服务
版权所有　侵权必究

当代历史条件下的包豪斯

一

　　包豪斯［Bauhaus］在二十世纪那个"沸腾的二十年代"扮演了颇具神话色彩的角色。它从未宣称过要传承某段"历史"，而是以初步课程代之。它被认为是"反历史主义的历史性"，回到了发动异见的根本。但是相对于当下的"我们"，它已经成为"历史"：几乎所有设计与艺术的专业人员都知道，包豪斯这一理念原型是现代主义历史上无法回避的经典。它经典到，即使人们不知道它为何成为经典，也能复读出诸多关于它的论述；它经典到，即使人们不知道它的历史，也会将这一颠倒"房屋建造"［haus-bau］而杜撰出来的"包豪斯"视作历史。包豪斯甚至是过于经典到，即使人们不知道这些论述，不知道它命名的由来，它的理念与原则也已经在设计与艺术的课程中得到了广泛实践。而对于公众，包豪斯或许就是一种风格，一个标签而已。毋庸讳言的是，在当前中国工厂中代加工和"山寨"的那些"包豪斯"家具，与那些被冠以其他名号的家具一样，更关注的只是品牌的创建及如何从市场中脱颖而出……尽管历史上的那个"包豪斯"之名，曾经与一种超越特定风格的普遍法则紧密相连。

　　历史上的"包豪斯"，作为一所由美术学院和工艺美术学校组成的教育机构，被人们看作设计史、艺术史的某种开端。但如果仍然把包豪斯当作设计史的对象去研究，从某种意义而言，这只能是一种同义反复。为何阐释它？如何阐释它，并将它重新运用到社会生产中去？我们可以将"一切历史都是当代史"的意义推至极限：一切被我们在当下称作"历史"的，都只是为了成为其自身情境中的实践，由此，它必然已经是"当代"的实践。或阐释或运用，这一系列的进程并不是一种简单的历史积累，而是对其特定的历史条件的消除。

历史档案需要重新被历史化。只有把我们当下的社会条件写入包豪斯的历史情境中，不再将它作为凝固的档案与经典，这一"写入"才可能在我们与当时的实践者之间展开政治性的对话。它是对"历史"本身之所以存在的真正条件的一种评论。"包豪斯"不仅是时间轴上的节点，而且已经融入我们当下的情境，构成了当代条件下的"包豪斯情境"。然而"包豪斯情境"并非仅仅是一个既定的事实，当我们与包豪斯的档案在当下这一时间节点上再次遭遇时，历史化将以一种颠倒的方式发生：历史的"包豪斯"构成了我们的条件，而我们的当下则成为"包豪斯"未曾经历过的情境。这意味着只有将当代与历史之间的条件转化，放置在"当代"包豪斯的视野中，才能更加切中要害地解读那些曾经的文本。历史上的包豪斯提出"艺术与技术，新统一"的目标，已经从机器生产、新人构成、批量制造转变为网络通信、生物技术与金融资本灵活积累的全球地理重构新模式。它所处的两次世界大战之间的帝国主义竞争，已经演化为由此而来向美国转移的中心与边缘的关系——国际主义名义下的新帝国主义，或者说是由跨越国家边界的空间、经济、军事等机构联合的新帝国。

"当代"，是"超脱历史地去承认历史"，在构筑经典的同时，瓦解这一历史之后的经典话语，包豪斯不再仅仅是设计史、艺术史中的历史。通过对其档案的重新历史化，我们希望将包豪斯为它所处的那一现代时期的"不可能"所提供的可能性条件，转化为重新派发给当前的一部社会的、运动的、革命的历史：设计如何成为"政治性的政治"？首要的是必须去动摇那些已经被教科书写过的大写的历史。包豪斯的生成物以其直接的、间接的驱动力及传播上的效应，突破了存在着势差的国际语境。如果想要让包豪斯成为输出给思想史的一个复数的案例，那么我们对它的研究将是一种具体的、特定的、预见性的设置，而不是一种普遍方法的抽象而系统的事业，因为并不存在那样一种幻象——"终会有某个更为彻底的阐释版本存在"。地理与政治的不均衡发展，构成了当代世界体系之中的辩证法，而包豪斯的"当代"辩证或许正记录在我们眼前的"丛书"之中。

二

　　"包豪斯丛书"［Bauhausbücher］作为包豪斯德绍时期发展的主要里程碑之一，是一系列富于冒险性和实验性的出版行动的结晶。丛书由格罗皮乌斯和莫霍利 - 纳吉合编，后者是实际的执行人，他在一九二三年就提出了由大约三十本书组成的草案，一九二五年包豪斯丛书推出了八本，同时公布了与第一版草案有明显差别的另外的二十二本，次年又有删减和增补。至此，包豪斯丛书计划总共推出过四十五本选题。但是由于组织与经济等方面的原因，直到一九三〇年，最终实际出版了十四本。其中除了当年包豪斯的格罗皮乌斯、莫霍利 - 纳吉、施莱默、康定斯基、克利等人的著作及师生的作品之外，还包括杜伊斯堡、蒙德里安、马列维奇等这些与包豪斯理念相通的艺术家的作品。而此前的计划中还有立体主义、未来主义、勒·柯布西耶，甚至还有爱因斯坦的著作。我们现在无法想象，如果能够按照原定计划出版，包豪斯丛书将形成怎样的影响，但至少有一点可以肯定，包豪斯丛书并没有将其视野局限于设计与艺术，而是一份综合了艺术、科学、技术等相关议题并试图重新奠定现代性基础的总体计划。

　　我们此刻开启译介"包豪斯丛书"的计划，并非因为这套被很多研究者忽视的丛书是一段必须去遵从的历史。我们更愿意将这一译介工作看作是促成当下回到设计原点的对话，重新档案化的计划是适合当下历史时间节点的实践，是一次沿着他们与我们的主体路线潜行的历史展示：在物与像、批评与创作、学科与社会、历史与当下之间建立某种等价关系。这一系列的等价关系也是对雷纳·班纳姆的积极回应，他曾经敏感地将这套"包豪斯丛书"判定为"现代艺术著作中最为集中同时也是最为多样性的一次出版行动"。当然，这一系列出版计划，也可以作为纪念包豪斯诞生百年(二〇一九年)这一重要节点的令人激动的事件。但是真正促使我们与历史相遇并再度介入"包豪斯丛书"的，是连接起在这百年相隔的"当代历史"条件下行动的"理论化的时刻"，这是历史主体的重演。我们以"包豪斯丛书"的译介为开端的出版计划，无疑与当年的"包豪斯丛书"一样，也是一次面向未知的"冒险的"决断——去论证"包豪斯丛书"的确是一系列的实践之书、关于实践的构想之书、关于构想的理论之书，同时去展示它在自身的实践与理论之间的部署，以及这种部署如何对应着它刻写在文本内容与形式之间的"设计"。

与"理论化的时刻"相悖的是，包豪斯这一试图成为社会工程的总体计划，既是它得以出现的原因，也是它最终被关闭的原因。正是包豪斯计划招致的阉割，为那些只是仰赖于当年的成果，而在现实中区隔各自分属的不同专业领域的包豪斯研究，提供了部分"确凿"的理由。但是这已经与当年包豪斯围绕着"秘密社团"展开的总体理念愈行愈远了。如果我们将当下的出版视作再一次的媒体行动，那么在行动之初就必须拷问这一既定的边界。我们想借助媒介历史学家伊尼斯的看法，他曾经认为在他那个时代的大学体制对知识进行分割肢解的专门化处理是不光彩的知识垄断："科学的整个外部历史就是学者和大学抵抗知识发展的历史。"我们并不奢望这一情形会在当前发生根本的扭转，正是学科专门化的弊端令包豪斯在今天被切割并分派进建筑设计、现代绘画、工艺美术等领域。而"当代历史"条件下真正的写作是向对话学习，让写作成为一场场论战，并相信只有在任何题材的多方面相互作用中，真正的发现与洞见才可能产生。曾经的包豪斯丛书正是这样一种写作典范，成为支撑我们这一系列出版计划的"初步课程"。

三

"理论化的时刻"并不是把可能性还给历史，而是要把历史还给可能性。正是在当下社会生产的可能性条件的视域中，才有了历史的发生，否则人们为什么要关心历史还有怎样的可能。持续的出版，也就是持续地回到包豪斯的产生、接受与再阐释的双重甚至是多重的时间中去，是所谓的起因缘、分高下、梳脉络、拓场域。当代历史条件下包豪斯情境的多重化身正是这样一些命题：全球化的生产带来的物质产品的景观化，新型科技的发展与技术潜能的耗散，艺术形式及其机制的循环与往复，地缘政治与社会运动的变迁，风险社会给出的承诺及其破产，以及看似无法挑战的硬件资本主义的神话等。我们并不能指望直接从历史的包豪斯中找到答案，但是在包豪斯情境与其历史的断裂与脱序中，总问题的转变已显露端倪。

多重的可能时间以一种共时的方式降临中国，全面地渗入并包围着人们的日常生活。正是"此时"的中国提供了比简单地归结为西方所谓"新自由主义"的普遍地形更为复杂的空间条件，让此前由诸多理论描绘过的未来图景，逐渐失去了针对这一现实的批判潜能。这一当代的发生是政治与市场、理论与实践奇特综合的"正在进行时"。另一方面，"此地"的中国不仅是在全球化进程中重演的某一地缘政治的区域版本，更是强烈地感受着全球资本与媒介时代的共同焦虑。同时它将成为从特殊性通往普遍性反思的出发点，由不同的时空混杂出来的从多样的有限到无限的行动点。历史的共同配置激发起地理空间之间的真实斗争，撬动着艺术与设计及对这两者进行区分的根基。

辩证的追踪是认识包豪斯情境的多重化身的必要之法。比如格罗皮乌斯在《包豪斯与新建筑》（一九三五年）开篇中强调通过"新建筑"恢复日常生活中使用者的意见与能力。时至今日，社会公众的这种能动性已经不再是他当年所说的有待被激发起来的兴趣，而是对更多参与和自己动手的吁求。不仅如此，这种情形已如此多样，似乎无须再加以激发。然而真正由此转化而来的问题，是在一个已经被区隔管治的消费社会中，或许被多样需求制造出来的诸多差异恰恰导致了更深的受限于各自技术分工的眼、手与他者的分离。就像格罗皮乌斯一九二七年为无产者剧场的倡导者皮斯卡托制定的"总体剧场"方案（尽管它在历史上未曾实现），难道它在当前不更像是一种类似于景观自动装置那样体现"完美分离"的象征物吗？观众与演员之间的舞台幻象已经打开，剧场本身的边界却没有得到真正的解放。现代性产生的时期，艺术或多或少地运用了更为广义的设计技法与思路，而在晚近资本主义文化逻辑的论述中，艺术的生产更趋于商业化，商业则更多地吸收了艺术化的表达手段与形式。所谓的精英文化坚守的与大众文化之间对抗的界线事实上已经难以分辨。另一方面，作为超级意识形态的资本提供的未来幻象，在样貌上甚至更像是现代主义的某些总体想象的沿袭者。它早已借助专业职能的技术培训和市场运作，将分工和商品作为现实的基本支撑，并朝着截然相反的方向运行。这一幻象并非将人们监禁在现实的困境中，而是激发起每个人在其所从事的专业领域中的想象，却又控制性地将其自身安置在单向度发展的轨道之上。例如狭义设计机制中的自诩创新，以及狭义艺术机制中的自慰批判。

四

当代历史条件下的包豪斯，让我们回到已经被各自领域的大写的历史所遮蔽的原点。这一原点是对包豪斯情境中的资本、商品形式，以及之后的设计职业化的综合，或许这将有助于研究者们超越对设计产品仅仅拘泥于客体的分析，超越以运用为目的的实操式批评，避免那些缺乏技术批判的陈词滥调或仍旧固守进步主义的理论空想。"包豪斯情境"中的实践曾经打通艺术家与工匠、师与生、教学与社会……它连接起巴迪乌所说的构成政治本身的"非部分的部分"的两面：一面是未被现实政治计入在内的情境条件，另一面是未被想象的"形式"。这里所指的并非通常意义上的形式，而是一种新的思考方式的正当性，作为批判的形式及作为共同体的生命形式。

从包豪斯当年的宣言中，人们可以感受到一种振聋发聩的乌托邦情怀：让我们创建手工艺人的新型行会，取消手工艺人与艺术家之间的等级区隔，再不要用它树起相互轻慢的"藩篱"！让我们共同期盼、构想，开创属于未来的新建造，将建筑、绘画、雕塑融入同一构型中。有朝一日，它将从上百万手工艺人的手中冉冉升向天际，如水晶般剔透，象征着崭新的将要到来的信念。除了第一句指出了当时的社会条件"技术与艺术"的联结之外，它更多地描绘了一个面向"上帝"神力的建造事业的当代版本。从诸多艺术手段融为一体的场景，到出现在宣言封面上由费宁格绘制的那一座蓬勃的教堂，跳跃、松动、并不确定的当代意象，赋予了包豪斯更多神圣的色彩，超越了通常所见的蓝图乌托邦，超越了仅仅对一个特定时代的材料、形式、设计、艺术、社会作出更多贡献的愿景。期盼的是有朝一日社群与社会的联结将要掀起的运动：以崇高的感性能量为支撑的促进社会更新的激进演练，闪现着全人类光芒的面向新的共同体信仰的喻示。而此刻的我们更愿意相信的是，曾经在整个现代主义运动中蕴含着的突破社会隔离的能量，同样可以在当下的时空中得到有力的释放。正是在多样与差异的联结中，对社会更新的理解才会被重新界定。

包豪斯初期阶段的一个作品，也是格罗皮乌斯的作品系列中最容易被忽视的一个作品，佐默费尔德的小木屋［Blockhaus Sommerfeld］，它是包豪斯集体工作的第一个真正产物。建筑历史学者里克沃特对它的重新肯定，是将"建筑的本原应当是怎样的"这一命题从对象的实证引向了对观念的回溯。手工是已经存在却未被计入的条件，而机器所能抵达的是尚未想象的形式。我们可以从此类对包豪斯的再认识中看到，历史的包豪斯不仅如通常人们所认为的那样是对机器生产时代的回应，更是对机器生产时代批判性的超越。我们回溯历史，并不是为了挑拣包豪斯遗留给我们的物件去验证现有的历史框架，恰恰相反，绕开它们去追踪包豪斯之情境，方为设计之道。我们回溯建筑学的历史，正如里克沃特在别处所说的，任何公众人物如果要向他的同胞们展示他所具有的美德，那么建筑学就是他必须赋予他的命运的一种救赎。在此引用这句话，并不是为了作为历史的包豪斯而抬高建筑学，而是因为将美德与命运联系在一起，将个人的行动与公共性联系在一起，方为设计之德。

五

阿尔伯蒂曾经将美德理解为在与市民生活和社会有着普遍关联的事务中进行的一些有天赋的实践。如果我们并不强调设计者所谓天赋的能力或素养，而是将设计的活动放置在开端的开端，那么我们就有理由将现代性的产生与建筑师的命运推回到文艺复兴时期。当时的美德兼有上述设计之道与设计之德，消除道德的表象从而回到审美与政治转向伦理之前的开端。它意指卓越与慷慨的行为，赋予形式从内部的部署向外延伸的行为，将建筑师的意图和能力与"上帝"在造物时的目的和成就，以及社会的人联系在一起。正是对和谐的关系的处理，才使得建筑师自身进入了社会。但是这里的"和谐"必将成为一次次新的运动。在包豪斯情境中，甚至与它的字面意义相反，和谐已经被"构型"［Gestaltung］所替代。包豪斯之名及其教学理念结构图中居于核心位置的"BAU"暗示我们，正是所有的创作活动都围绕着"建造"展开，才得以清空历史中的"建筑"，进入到当代历史条件下的"建造"的核心之变，正是建筑师的形象拆解着构成建筑史的基底。因此，建筑师是这样一种"成为"，他重新成体系地建造而不是维持某种既定的关系。他进入社会，将人们聚集在一起。他的进入必然不只是通常意义上的进入社会的现实，而是面向"上帝"之神力并扰动着现存秩序的"进入"。在集体的实践中，重点既非手工也非机器，而是建筑师的建造。

与通常对那个时代所倡导的批量生产的理解不同的是，这一"进入"是异见而非稳定的传承。我们从包豪斯的理念中就很容易理解：教师与学生在工作坊中尽管处于某种合作状态，但是教师决不能将自己的方式强加于学生，而学生的任何模仿意图都会被严格禁止。

包豪斯的历史档案不只作为一份探究其是否被背叛了的遗产，用以给"我们"的行为纠偏。正如塔夫里认为的那样，历史与批判的关系是"透过一个永恒于旧有之物中的概念之镜头，去分析现况"，包豪斯应当被吸纳为"我们"的历史计划，作为当代历史条件下的"政治"，即已展开在当代的"历史"：它是人类现代性的产生及对社会更新具有远见的总历史中一项不可或缺的条件。包豪斯不断地被打开，又不断地被关闭，正如它自身及其后继机构的历史命运那样。但是或许只有在这一基础上，对包豪斯的评介及其召唤出来的新研究，才可能将此时此地的"我们"卷入面向未来的实践。所谓的后继并不取决于是否嫡系，而是对塔夫里所言的颠倒：透过现况的镜头去解开那些仍隐匿于旧有之物中的概念。

用包豪斯的方法去解读并批判包豪斯，这是一种既直接又有理论指导的实践。从拉斯金到莫里斯，想让群众互相联合起来，人人成为新设计师；格罗皮乌斯，想让设计师联合起大实业家及其推动的大规模技术，发展出新人；汉内斯·迈耶，想让设计师联合起群众，发展出新社会……每一次对前人的转译，都是正逢其时的断裂。而所谓"创新"，如果缺失了作为新设计师、新人、新社会梦想之前提的"联合"，那么至多只能强调个体差异之"新"。而所谓"联合"，如果缺失了"社会更新"的目标，很容易迎合政治正确却难免廉价的倡言，让当前的设计师止步于将自身的道德与善意进行公共展示的群体。在包豪斯百年之后的今天，对包豪斯的批判性"转译"，是对正在消亡中的包豪斯的双重行动。这样一种既直接又有理论指导的实践看似与建造并没有直接的关联，然而它所关注的重点正是——新的"建造"将由何而来？

六

柏拉图认为"建筑师"在建造活动中的当务之急是实践——当然我们今天应当将理论的实践也包括在内——在柏拉图看来，那些诸如表现人类精神、将建筑提到某种更高精神境界等，却又毫无技术和物质介入的决断并不是建筑师们的任务。建筑是人类严肃的需要和非常严肃的性情的产物，并通过人类所拥有的最高价值的方式去实现。也正是因为恪守于这一"严肃"与最高价值的"实现"，他将草棚与神庙视作同等，两者间只存在量上的差别，并无质上的不同。我们可以从这一"严肃"的行为开始，去打通已被隔离的"设计"领域，而不是利用从包豪斯一件件历史遗物中反复论证出来的"设计"美学，去超越尺度地联结汤勺与城市。柏拉图把人类所有创造"物"并投入到现实的活动，统称为"人类修建房屋，或更普遍一些，定居的艺术"。但是投入现实的活动并不等同于通常所说的实用艺术。恰恰相反，他将建造人员的工作看成是一种高尚而与众不同的职业，并将其置于更高的位置。这一意义上的"建造"，是建筑与政治的联系。甚至正因为"建造"的确是一件严肃得不能再严肃的活动，必须不断地争取更为全面包容的解决方案，哪怕它是不可能的。这样，建筑才可能成为一种精彩的"游戏"。

由此我们可以这样去理解"包豪斯情境"中的"建筑师"：因其"游戏"，它远不是当前职业工作者阵营中的建筑师；因其"严肃"，它也不是职业者的另一面，所谓刻意的业余或民间或加入艺术阵营中的建筑师。包豪斯及勒·柯布西耶等人在当时，并非努力模仿着机器的表象，而是抽身进入机器背后的法则中。当下的"建筑师"，如果仍愿选择这种态度，则要抽身进入媒介的法则中，抽身进入诸众之中，将就手的专业工具当作可改造的武器，去寻找和激发某种共同生活的新纹理。这里的"建筑师"，位于建筑与建造之间的"裂缝"，它真正指向的是：超越建筑与城市的"建筑师的政治"。

超越建筑与城市［Beyond Architecture and Urbanism］，是为 BAU，是为序。

王家浩
二〇一八年九月修订

目录

前言

　　这本书是一份报告——它记录了迄今为止一段硕果累累的时期。那是一段建设与发展的时期，也是一段社群合作的时期。

　　包豪斯，它的历史始于魏玛 1919 年的春天。我受萨克森 - 魏玛 - 艾森纳赫临时政府的委任，接手了由范德维尔德创建的"大公国美术学院"和"大公国工艺美术学院"，并经由政府的批准，将两所学校合并为"魏玛国立包豪斯"。包豪斯的基本目标就是要将所有的艺术创作融汇成一个整体，将所有的艺术和技术的学科统合成一种崭新的建筑艺术，使之成为它不可分割的组成部分，那将是一种为充满活力的生命服务的建筑艺术。

　　战争残酷地摧毁了人们的工作，在此之后，每一位对此有所思考的人都会觉得有必要做出改变。每个人都渴望着能够从自身的领域出发，去弥合现实与精神之间的鸿沟。而包豪斯，正是这种意愿的集中体现。

　　许多有才华的年轻人都期盼着包豪斯的创建宣言，即便在那个经济极度困难的时期，在那些还无法完全理解包豪斯的环境中，他们仍然不顾激烈的反对，全身心地投入到包豪斯意义深远的社会任务之中。包豪斯纠正着自身的错误，让它能够始终充盈旺盛的生命力，并逐渐找到了自己的道路。在与当时盛行的形式主义观点的斗争中，包豪斯逐渐明确了问题之所在。尽管这些理念是毫不含糊的，看起来也是不言自明的，但之所以还要花费如此漫长的时间才能实现，是因为它们基进的根源性，这种根源性意味着不是把这些理念只应用于某个狭隘的、很容易被忽视的领域，而是要让它们适用于生活的方方面面。包豪斯运用所有对概念进行解释和综合理解的方法，想要以顽强的毅力从根本上解决设计的问题，并让每个人都能意识到实现设计之后的结果，也就是：艺术的设计并不是精神上的问题，也不是物质上更奢侈的问题，而是关乎生活本身！此外，艺术精神的革命为新的设计带来了基本的见解，正如技术的革命能为新的设计提供工具！所有的努力都是为了实现艺术与技术这两者的相互渗透，联系起工作世界中那些有益的现实，将富有创造力的人从割裂的状态中解放出来，同时也使那个僵化、狭隘、几乎只关注于物质的世界变得更为宽松，更为广阔。将所有的创造性工作与生活本身统一起来，正是这种社会理念主导了包豪斯的工作。与之相反的是所谓的"为艺术而艺术"，而更为危险的是这句话的来由，也就是所谓的"经济本身就是目的"，因此，比起包豪斯初期阶段产生的成果来说，它的"走向"更具决定性。

包豪斯在这场思想辩论中的热情参与，是它对技术产品的设计及其生产方法的有机发展抱持浓厚兴趣的来源，但也正是因为这样，出现了某种错误的观点，以为包豪斯是在神化理性主义。然而包豪斯恰恰相反，它是在为设计和技术领域中的创造寻求共同的先决条件和界限："每一件事物都是由其本质决定的。想要设计出能够恰如其分地发挥作用的产品，我们必须先研究它的本质，那是因为它必须完美地服务于目的，也就是切实地满足功能，还要耐用、廉价，以及'美观'。"[1]

不过，日常生活的顺畅、合理运行并不是最终的目标，它只是实现个人最大限度的自由和独立的前提条件。因此，包豪斯所追求的实际生活过程的标准化，并不意味着带给个人新的奴役和机械化，而是让生活摆脱不必要的束缚，使它得以更加无拘无束、丰富多彩地展开。

为了满足这些要求，"必须用最少的手段达到最大的效果"；在这个技术时代，我们在解决物质问题时很快就认识到这条古老的规律；它主导着技术人员的工作。思想上的经济要来得更慢一些，因为它比物质意义上的经济更需要知识和思想的熏陶，而这就是我们要在文明与文化之间关注的焦点！它揭示了技术和经济的产品与"艺术作品"之间的本质区别。技术和经济的产品是精打细算的头脑冷静工作的结果，而艺术作品是激情的产物。一个是无数个体劳动的客观总和；另一个是独一无二的成果，是自成一体的主观的微世界，这一世界的普遍性会随着创作者的成熟而增长。

那又是什么吸引着艺术创作者去追求完美的理性技术产品？是构型本身！因为其内在的真实性能够将所有分开的部分简洁明了、功能适当地实现为一个有机体，大胆地使用新的材料和新的方法也是艺术创作的逻辑前提。

"艺术作品"必须在精神和物质这两方面都能"发挥作用"，这一点与工程师的产物完全相同，例如飞机，它的目的属性就是飞行。从这个意义上来说，艺术的创作者可以从技术产品中看到自己的模型，沉浸到技术产品的创作过程中去，为自己的创作获得灵感，而无须离开自己的领域，因为这一领域的本质与技术的创作过程不同，尽管艺术作品始终也算是技术的产物，但同时它还必须实现精神的目的，而这只有借助想象和激情的方式才能显现出来。

这正是包豪斯所要面临的另一个重大的问题：什么是空间？用什么方法去设计空间？[2] 现代画家中那些指出问题的人已经开始重新征服抽象空间，而这也是他们在构建包豪斯新的教学体系中不可或缺的原因。他们在绘画的构图中、在房屋中、在设备中、在舞台上，探索和发展空间的各种关系，并将客观有形的元素融入教学之中。

1923 年，包豪斯在魏玛举办了以"艺术与技术，新统一"为题的展出，这一先驱工作的首批成果使这所备受争议的学院在公众中赢得了声誉，它的理念也对推动各地的发展和问题的澄清产生了潜移默化的影响。

尽管如此，包豪斯还是面临着严重的危机，受到不理解和敌视包豪斯的政府的威胁。包豪斯的管理层和大师理事会深知他们的团结一致和坚定的道德立场，所以为了防止包豪斯被毁，在 1924 年的圣诞节做出了一个出人意料的决定，公开宣布主动解散包豪斯。[3] 事实证明，走出这一步是正确的，在包豪斯任命的那些主要的大师（莱昂内尔·费宁格、瓦西里·康定斯基、保罗·克利、格哈特·马克斯、拉兹洛·莫霍利-纳吉、

1__ 参见"包豪斯丛书"第七册：格罗皮乌斯，《包豪斯工坊新作品》中的"包豪斯的生产原则"。

2__ 参见"包豪斯丛书"第十四册：莫霍利-纳吉的《从材料到建筑》序言"空间"。

3__ 一位所谓包豪斯学校的专家如下的批评可以用来说明当时包豪斯遭到的反对声："事实上，不是有人谋杀了包豪斯，而是它自取灭亡……我们今天还需要在德国创建一所学校，培养那种为贫困阶层生产有趣的琐碎物件的能力吗？我们今天还需要培养年轻人，用那些不断推陈出新、让生产者自己都感到反胃的艺术甜点来填补我们所谓的文化圈的无趣和空虚吗？"

格奥尔格·穆赫、奥斯卡·施莱默[1]）和学生们之间开辟出来的智识阵线经受住了这场人性的考验。不仅如此，学生们还主动告知政府，他们将与学校的管理层和大师们团结一致，并宣布也会一起离开学校。包豪斯这一联手的举动不仅得到了媒体的响应，而且也决定了它自己的命运。好些城市，比如德绍、法兰克福、哈根、曼海姆、达姆施塔特等，都来就接收包豪斯展开了谈判。德绍，这座经济快速发展的城市，位于德国中部褐煤矿区中心，在它具有远见卓识的市长黑塞的指引下，决定全方位地吸纳包豪斯。于是，魏玛的合同到期之后，包豪斯的老师和学生们在1925年的春天迁往德绍，开始重建包豪斯。图林根州被迫放弃对"包豪斯"这一命名的合法要求，而安哈尔特州政府将新的学院定为"德绍包豪斯设计大学"。按照惯例，学校继续由市政府接管，根据我的提案，市政府批准了建造包豪斯新校舍（其中包括一栋学生专用宿舍楼、七个大师专用的半独立式住宅）的计划，并委托我负责这些项目的实施，这样一来，也为各个工坊提供了大受欢迎的实践活动。

与此同时，约瑟夫·阿尔伯斯、赫尔伯特·拜耶、马塞尔·布劳耶、辛涅克·舍珀、尤斯特·施密特和根塔·斯托尔策这六位包豪斯学生被任命为教师，加入了大师委员会。自此之后，包豪斯工作的基础，尤其是教学工作，参照着魏玛那些年的经验进行了细致的修订，学生代表们积极参与了整个组织工作。在魏玛提出的理念和规划得到了巩固，并逐步得以实现，这些理念和规划的社会影响日益明显，学校与工业界的联系也变得更加紧密，原本的工坊也具有了工业系列产品预备实验室的特性。专业教师的引进扩大了建筑教学的规模，作为包豪斯社群合作生命线的基础课程和设计教学，也获得了新的活力。

在此期间包豪斯新校舍经过了一年的施工，也于1926年12月竣工，众多德国和国外的来宾参加了落成典礼。

人们看到的作品尽管个性各异，却呈现出统一的外观——正如这本书所展现的那样，这是包豪斯精神共同发展的结果。包豪斯丛书、包豪斯杂志，以及包豪斯之夜上的讲座在魏玛时已经成形，它们确保了由包豪斯提出的综合问题始终保持活跃的状态，从而避免了早期阶段学术上僵化的危险。然而，与此同时，还必须与模仿者和误解者进行斗争。他们想要在所有缺乏装饰的现代建筑和现代时期的器物中看到它们与所谓的"包豪斯风格"之间的从属关系，而这就有可能危及包豪斯工作的坚实意义，让它变得平淡无奇。包豪斯的目标不是一种"风格"，不是一种体系，不是一种教条或者教规，也不是一种秘诀或者一种时尚！只要不拘泥于形式，并在多变的形式背后寻求生命本身的流动性，它就会有生命力！

包豪斯，它是世界上第一所敢于将这种反学院派的态度纳入其教育体系的学校，为了确保这一理念能够取得胜利，包豪斯承担起了引领的责任，以保持其社群的活力，只有在这种活力中，想象与现实才有可能相互渗透，但是一种所谓的"包豪斯风格"将意味着学院重新陷入停滞状态，陷入反生命的惰性状态，而包豪斯的初衷正是与这种状态作斗争，但愿包豪斯能免于这种死亡！

肩负九年重任之后，我于1928年的春天离开包豪斯，重新从事我自己的建造活动。此时，包豪斯的理念已经在公众中站稳了脚跟，包豪斯使命的第一部分，也是最困难的一部分业已实现。

●

通过本书中的插图和评论，我想介绍一下自己在德绍包豪斯时期作为建筑师和建筑组织者所从事的工作。这项工作是包豪斯形成时期氛围的产物，也是包豪斯新技术和形式成果的进步——伴随着斗争的所有必然结果。

书中用来描绘建筑物的手段非常有限，摄影无法再现空间的体验，把房间或者建筑物的真实比例与我们固定的、绝对的身体尺度相关联，会给直接面对建筑物的观察者带去令人兴奋的张力，那是缩小尺度的图片完全无法传达的。毕竟，体量和空间是生活本身的容器和背景，它们应该服务于生活——在其中发生的运动过程只能在具象的意义上被描绘出来。基于上述原因，我相信只有用一张接一张的图片去引导读者，才有可能勾勒出这些建筑的本质，展现这些建筑内部发生的生活功能的秩序，以及由此形成的空间表达，从而以视角上的变化传达设想中的空间序列的图景。

德绍市委托我负责所有建筑的整体指导——从规划、执行到施工管理，因此，每一项工作都由我在包豪斯执行，这样可以实现一体化的整合，所有的设计和施工图都在

1__ 伊顿和施赖尔前几年就已辞职了。

我个人的事务所完成[1]；尽管如此，我还是要以"包豪斯建筑"的名义出版这些建筑，因为公众应当从这些建筑中看到包豪斯不断展开智力交流的成果，此外，大师们和工坊在规划和实施室内设计的项目中发挥了重要的作用。[2]

1__ 以下这些建筑师在我的事务所工作，参与了规划和建造实施: Karl Fieger, Friedrich Hirz, Max Krajewski, Fritz Levedag, Otto Meyer-Ottens, Ernst Neufert, Heinz Nösselt, Richard Paulick, Herbert Schipke, Bernhard Sturtjkopf, Franz Throll, Walter Tralau, Hans Volger。

2__ 包豪斯的木工工坊承担了家具和配件生产任务，金属工坊提供了照明设备，纺织工坊制作了内饰和窗帘面料，壁画系负责室外和室内的色彩设计，印刷间提交字样。

德绍包豪斯校舍

1926 年建成

建筑师：格罗皮乌斯

■■■■ 包豪斯校舍

由德绍市政府委托兴建，1925 年秋季开工，一年后竣工，并于 1926 年 12 月举行落成典礼。

整座建筑物占地面积约 2630 平方米，建筑体量约 32 450 立方米，造价总计为 902 500 马克，包括所有附加费用在内，即每立方米成本为 27.8 马克。设备成本为 126 200 马克。

■■■■ 整个建筑群由三部分组成

1 ■■ "技术学院"翼楼

（之后的职业学院）包括行政办公室和教室、教职工室、图书室、物理实验室、模型室，分布在地下一层、夹层和地上两层。一层和二层有一座由四根柱子支撑的天桥，天桥的下层是包豪斯的行政部门，上层是建筑系。这座天桥横跨车道，通往包豪斯的实验工坊和教室。

2 ■■ 包豪斯的实验工坊和教室

底层设有舞台工坊、印刷间、印染间、雕塑间、包装间和储藏间、门房间和锅炉间，以及前面的煤仓。

夹层设有木工工坊和展厅、前厅，以及与之相邻的带升降舞台的礼堂。

一层设有纺织工坊、初步课程教室、大讲堂和通过天桥连接 1 号楼和 2 号楼的通道。

二层设有壁画工坊、金属工坊，以及两间讲堂，它们可以组合成一个大展厅。与这两层相连的天桥是建筑系的办公室和格罗皮乌斯的建筑工作室。

这座建筑底层的礼堂经由单层的附属建筑到达工作室楼。

3 ▬ 工作室楼

内设学生文娱设施；礼堂和餐厅之间的舞台，在演出时可以向两侧打开，这样观众就可以坐在两侧。在节庆的场合，舞台所有的隔墙都可以打开，这样，餐厅、舞台、礼堂及前厅等一系列的房间就可以组合成一个大型的节庆空间。

与餐厅相邻的是厨房及配餐间。餐厅外面是一个宽敞的露台，毗邻大运动场。

工作室楼楼上的五层为包豪斯的学生们提供了 28 间可住宿的工作室，每层都有一个小厨房。工作室楼上面的四个楼层与屋顶露台都通过升降机与厨房相连。

工作室楼的半地下层设有浴室、带衣帽间的健身房（供运动爱好者使用），以及带电器的洗衣机房。

▬▬▬▬ 整个系统的材料和构造

砖砌钢筋混凝土框架。所有的窗户都是用镜面玻璃制成的双层折叠式玻璃窗，可上人的房顶露台在一层托夫勒隔热层上铺设了沥青板，不可上人的房顶平台在黄麻织物上涂上冷漆，在托夫勒隔热层和混凝土找平层上覆盖了漆麻布，排水靠的是建筑物内部的铸铁管，建筑物外部未使用锌板，建筑物的表层是外加矿物涂料的水泥抹灰层。

整座建筑物室内的色彩由包豪斯的壁画系负责，所有的照明设备都是由包豪斯的金属工坊设计并制造的。礼堂、餐厅和工作室的钢管家具是根据马塞尔·布劳耶的设计制作的，字样由包豪斯的印刷间完成。

图 001

█████ 包豪斯校舍

鸟瞰视角

空中的交通路线向房屋和城市的建造者们提出了全新的挑战：
还要有意识地从鸟瞰的视角设计建筑物的形象，这是人们以前看不
到的视角。

图 002

包豪斯校舍

鸟瞰视角

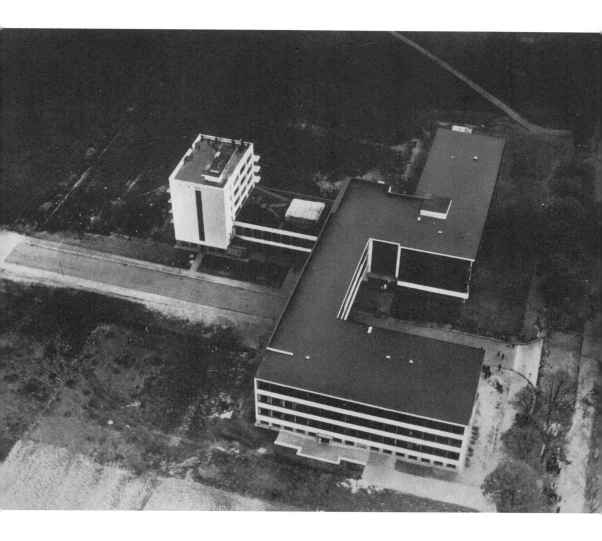

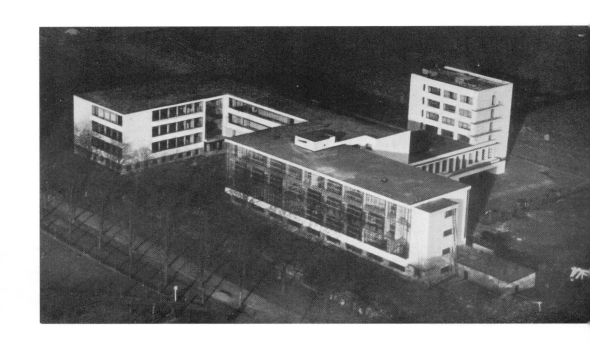

图 003

包豪斯校舍
鸟瞰视角

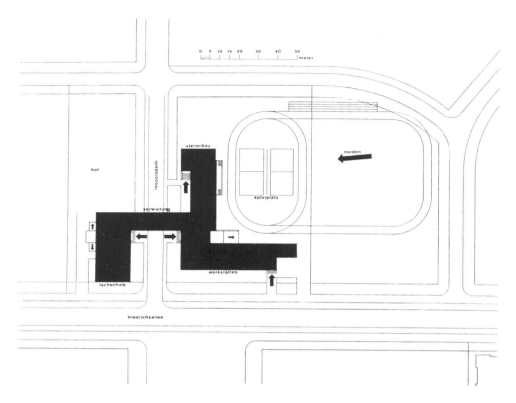

图 004

■■■■ 包豪斯校舍

总平面图

tachschule 技术学院 / verwaltung 行政部门 / werkstätten 工坊 / atelierbau 工作室楼 / spielplatz 运动场 / hof 庭院
loopolddank 环路 / friedrichsallee 弗里德里希大街

典型的文艺复兴时期和巴洛克时期的建筑有一个对称的正立面，沿着一条中轴线通往入口，并由此延伸，观者看到的是二维的图像。从今天的精神出发创造出来的建筑，摒弃了对称的正立面带给观者的那种叹为观止的景象。人们必须绕着这座建筑物走上一圈，才有可能领略它的形体及各组成部分的功能。

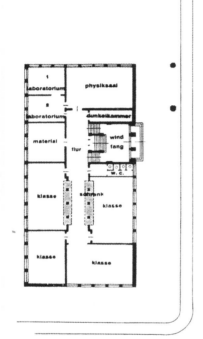

图 005

■■■■ 包豪斯校舍
底层平面图

采用组织良好的平面布局，这样做的重要性在于：

正确地利用阳光照射，

规划简短的交通路线，节省时间，

明确地区分有机整体的各个部分，

通过巧妙的轴向划分，以空间序列的不同可能性，适应组织上任何

变化的需要。

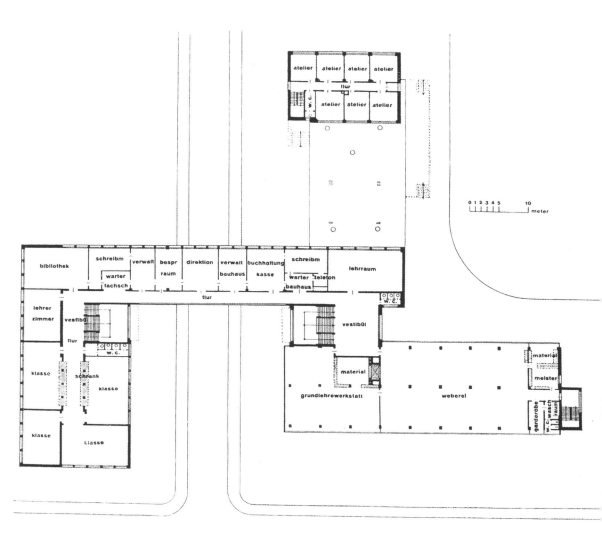

图 006

包豪斯校舍
一层平面图

laboratorium 实验室 / physiksaal 物理实验室 / dunkelkammer 暗房 / material 材料间 / klasse 班级教室 / schrank 橱柜 / ausstellungsraum 展览空间 / meister 大师间 / poilerraum 抛光室 / tischlerei 木工工坊 / maschinenraum 设备间 / furnierraum 家具间 / waschraum 盥洗室 / w. c. 卫生间 / aula 礼堂 / bühne 舞台 / kantine 食堂 / anrichte 食物间 / küche 厨房 / putzraum 清洁室 / windfang 门廊 / vestibül 前厅 / flur 廊道 / terrasse 露台 / spielplatz 运动场

grundlehrewerkstatt 初步课程工坊 / material 材料间 / weberel 纺织工坊 / meister 大师间 / garderobe 衣柜 / waschraum 盥洗室 / w. c. 卫生间 / lehrraum 教室 / telefon 电话间 / warter bauhaus 等候区 / schreibm 打字间 / buchhaltung kasse 会计室 / verwalt bauhaus 行政部门 / direktion 校长办公室 / bessprraum 会议室 / bibilothek 图书室 / lehrezimmer 教室 / klasse 班级教室 / schrank 橱柜 / atelier 工作室 / vestibül 前厅 / flur 廊道

图 007

■■■■■■ 包豪斯校舍的结构骨架，1926 年
东向视角

图 008

━━━ 包豪斯校舍的结构骨架，1926 年
东南向视角

━━━━━ **材料和构造方法**

夯实的混凝土地基。

钢筋混凝土柱子组成支撑框架，柱子之间铺设钢筋混凝土板，部分由砖墙承重。

工坊楼的长边方向没有任何砖石结构；外墙的承重靠建筑物内部的柱子。

封闭房间的铁制窗框由悬挂式天花板支撑，地下室的"无梁结构"可以节省空间高度。

工坊楼可上人的房顶露台在一层托夫勒隔热层上铺设了沥青板，不可上人的房顶平台在黄麻织物上涂上冷漆，在托夫勒隔热层和混凝土找平层上覆盖了漆麻布。整座建筑物的排水系统采用铸铁管，铸铁管从建筑的内部向下延伸，因此外部的锌板就没有必要使用了。

砌体的表层经由防水的光滑水泥抹灰处理，外加一层白色的矿物涂料。

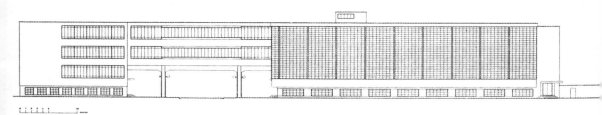

图 009

■■■■■■ 包豪斯校舍

西立面图

图 010

■■■■　　包豪斯校舍
　　　　西北向视角

工坊楼的外墙完全由镜面玻璃的条窗组成，承重柱位于玻璃墙面后的内侧（见图 032
和图 043）。

道路上方的结构像一座天桥，这是因为要建造的是两所独立的学院机构，各自的入口
分开（图左侧是"技术学院"，图右侧是真正的"包豪斯"）；两校共用的行政部门
用房位于天桥上，从两侧楼的室内都可以进入。

图 011

■■■■ 包豪斯校舍
通过礼堂剖面的东立面图

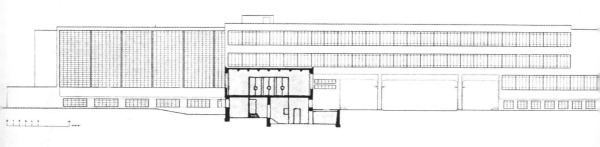

图 012

■■■■ 包豪斯校舍
西北向视角

承重柱（见图007）位于玻璃窗带的金属框架构件后面。窗带由钢型材和镜面玻璃制成。

图左侧，位于教学楼对面的楼内有 28 间学生的工作室；中间的低层建筑内有餐厅、厨房、浴室，以及健身房、舞台和礼堂。

图 014

███ 包豪斯校舍
主楼与"技术学院"翼楼之间的天桥结构，
落成典礼当天；右侧是白、黄、红、蓝旗帜
一层：行政办公室
二层：建筑系

图 013

███ 包豪斯校舍
天桥一层的连接通道

承重的桥柱（见图 014）立于内墙下方，天桥的平台为悬臂式，钢窗为镜面玻璃窗。

图 015

■■■ 包豪斯校舍

东西向剖面图（见图 016）

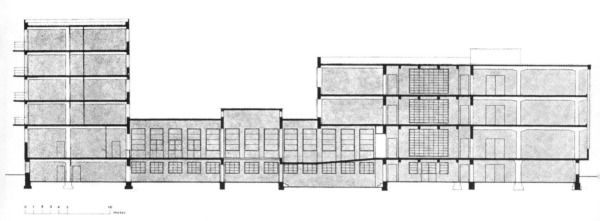

图 016

■■■ 包豪斯校舍

北向视角，面对工作室楼，中部为带舞台的餐厅

图 017

包豪斯校舍

东北向视角，面对桥

（截图自落成典礼影片，ufa，1926 年 12 月）

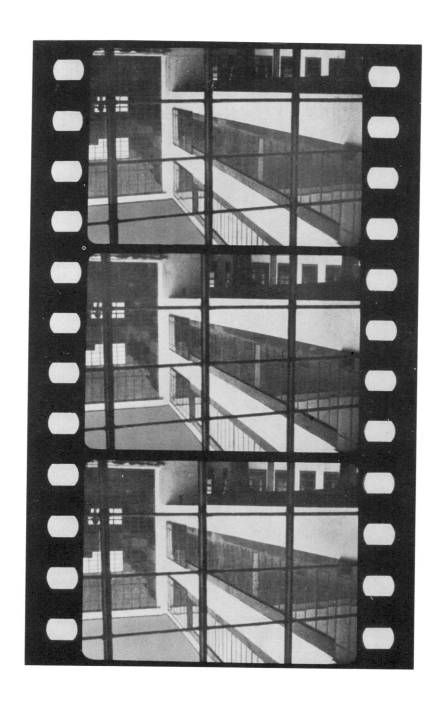

图 018

■■■■ 包豪斯校舍

东南向视角

（截图自落成典礼影片，ufa，1926 年 12 月）

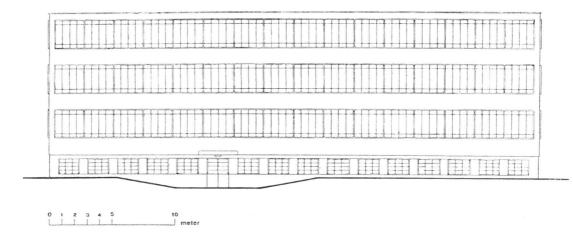

图 019

包豪斯校舍

"技术学院"北立面图（见图020）

结构骨架的承重混凝土柱子位于前方窗带连接处的后方，即地下室窗可见的中间柱子的上方（见图020）。

铁框窗带上下安装通风挡板，可以确保教室空气的流入流出。自此之后，在德国开始使用这种抛光的平板玻璃。

图 020

包豪斯校舍

"技术学院"西南向视角

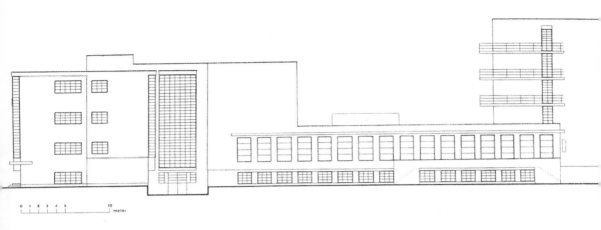

图 021

█████ 包豪斯校舍
南立面图（见图 022）

由于采用了规划好的合理化方法，如今建筑业的技术发展比以往任
何时候都更受到传统原则的影响：以最少的手段达到最大的效果。
技术手段的飞速发展促使技术人员将建筑体系结构变得更为开放，
即减少建筑的体量，节省空间、重量和场地上的交通负荷。

图 022

包豪斯校舍
南向视角

在设计领域，新的、工业化加工的建筑材料——钢、混凝土、玻璃——凭借自身的强度和模块化，可以最大限度地节省用材，建造采光充足的大跨度结构，这些是过去的建筑材料和技术无法实现的。用钢和混凝土建造这些越来越大胆、越来越节省空间的建筑，其目的在于通过精密的计算，以及在材料强度上提升质量，减小建筑物承重结构的尺寸，从而让墙壁和屋顶的开口越来越大，这样一来，阳光可以畅通无阻地进入原本与外界隔绝的房间。旧式房屋的墙壁开口小，表面大，而且不透气，屋顶封闭，不像现在这样，窗户表面和屋顶开口可以扩大，结构柱的框架变窄，尺寸尽可能变小。

0 1 2 3 4 5　　　　　10
└─┴─┴─┴─┴─┘　　　　　meter

图 023

■■■■ 包豪斯校舍

工作室楼的南立面图

图 024

▇▇▇▇ 包豪斯校舍
东向视角

在包豪斯，那些参与社群合作的人，必须有机会在这一社群之外有一个属于自己的空间，以免受到打扰，这一理念促使了学生们的工作室楼与其他活动场所分开，每一个工作室都尽可能地提供一个安静的空间，甚至还各有一个小阳台。

图 025

包豪斯校舍

工作室楼南侧，夜景

图 026

█████ 包豪斯校舍

　　　　 工作室楼东南向视角

每个学生工作室都是 5.17 米 /4.35 米（轴心尺寸）大小，这个开间可配置床、自来水
洗脸盆和两个壁柜（见图 071）。

图 027

包豪斯校舍

工作室楼阳台，夜景

图 028

包豪斯校舍

工作室楼阳台

图 029

包豪斯校舍
主楼入口和工坊楼的玻璃幕墙

图 030

■■■ 包豪斯校舍
从天桥望向工作室楼、餐厅和舞台

图 031

██████ 包豪斯校舍
西南向视角

图 032

■■■ 包豪斯校舍

工坊楼西南角，左侧为"技术学院"的入口

工坊楼的一角清楚地展现了混凝土支柱和实心天花板的结构框架。通过在承重结构骨架前支撑起连续的玻璃表皮，第一次解决了让墙体变得更为透明的问题，半地下室的悬挑天花板作为地面带来了双重优势：从静力角度来看，缩短了室内柱与中心柱之间的距离，因此更经济实惠；同时，柱子前的整面玻璃也可用于工坊的工作场所。

在整片玻璃墙前安装散热器，在整片玻璃墙的天花板下安装窗帘，防止阳光照射。

图 033
包豪斯校舍
主入口

图 034

包豪斯校舍

工坊楼局部视角

在现代建造方法发展的过程中，玻璃作为一种现代的建筑材料，将发挥至关重要的作用，这正是因为开口的尺寸越来越大。玻璃的用途将是无限的，不只用于窗户，因为它高贵的特性、透明的清晰度、它的轻盈、流动、非物质性的材料确保了它能够深得现代建筑师们所爱。

图 035

包豪斯校舍

从庭院去主楼梯的侧入口

左侧是工坊楼，右侧是礼堂

图 036

包豪斯校舍
从主楼梯的单层平板玻璃窗望向工坊楼

图 037

包豪斯校舍
主楼梯和工坊楼的夹角

图 038

━━━ 包豪斯校舍

从"技术学院"翼楼的主楼梯平台上俯瞰

用相互连接的可旋转窗户通风，可以打开到任意角度

图 039

包豪斯校舍
工作室楼的屋顶花园用作学生的健身运动区
周围的栏杆设计成长凳，地面由沥青板铺设而成

过去 20 年里，在建造可上人和不可上人的水平屋顶方面取得的成功经验让我相信，未来，技术领先的人们只会使用水平屋顶。因为与传统的坡屋顶相比，水平屋顶的优点实在是太多了。平屋顶的最终胜利只是时间问题。可上人的屋顶花园种上绿植，是一种将自然整合进大城市钢铁荒漠的有效方式，未来的城市可以用露台和屋顶花园，给人一种大花园的感觉，由于建造楼房而失去的绿地将重新在平屋顶上获得。

平屋顶的其他优点还包括：屋顶空间呈矩形，而不是斜屋顶下难以利用的死角；避免使用木制屋顶桁架，因为这种桁架往往是屋顶起火的原因；屋面可用于居住用途（儿童游乐场、洗衣房）；立方体结构所有的独立面都有扩建和施工的可能性；没有暴露的风击面，因此减少了维修的需求（屋顶瓦片、板岩、木瓦）；避免使用易腐烂的锌板制成的连接件、排水沟和落水管。

图 040

包豪斯校舍
俯瞰餐厅的室外露台

图 041~ 图 047
包豪斯校舍
包豪斯生活

自魏玛包豪斯时代起,就形成了"包豪斯节庆"的传统:为了实现大师和学生的即兴创意,乐于接受挑战,包括节庆、服装、表演。

这些节庆是包豪斯的友谊和凝聚力强有力的创造手段,也成为所有参与者难忘的经历。

图 048

包豪斯校舍
东北向视角,夜景
校舍典礼时的包豪斯节庆,有几千位来自德国和国外的宾客参与

图 049

包豪斯校舍
西北向视角，夜景
照明将建筑的结构框架展现得淋漓尽致

图 050

■■■■ 包豪斯校舍

工坊间的铁框架窗，支撑的柱子在外玻璃墙的后面

宽度更小的柱子，悬臂式天花板，沿着玻璃墙安装的散热设备，相互连接的枢轴窗

图 052

■■■■■■ 包豪斯校舍

半地下层的盥洗间窗

图 051

■■■■■■ 包豪斯校舍

礼堂和餐厅的铁框窗，右下方的转轮可以同时操作三到四扇窗，每扇都有四个相互连接的枢轴

注：原书两图即相互叠合

图 053

█████ 包豪斯校舍

"技术学院"的楼梯和走廊

学校走廊为两侧的楼层提供了经济的解决方案。壁橱上方安装的双层玻璃天窗，既照亮了纵向走廊的墙，又起到了隔音作用，通过对面的教室和楼梯间的窗户实现了交叉通风。

图 054

包豪斯校舍

主楼梯

台阶和扶手顶部，分别由白色和黑色的水磨石制成

图 055

包豪斯校舍

入口前厅，三扇门通往礼堂

照明设备和色彩设计：莫霍利 - 纳吉与包豪斯工坊

图 056

包豪斯校舍

礼堂

钢管座椅：马塞尔·布劳耶

照明设备：包豪斯金属工坊（莫霍利 - 纳吉）

色彩设计：包豪斯壁画系（舍珀）

礼堂与舞台相邻，舞台的后墙可以打开，通往餐厅，用于集会、演讲和舞台表演。

管状灯具提供的照明效果均匀，不刺眼。右上角是电影和投影设备的插槽。

图 057

包豪斯校舍

"技术学院"教职工室，壁橱供教师使用，橱柜用来储存画作

色彩设计：包豪斯壁画系（舍珀）

图 058

包豪斯校舍

校长书房，也是开师生联席会议的地方

色彩设计：包豪斯壁画系（舍珀）

健康的、光线充足的工作室可提高工作效率！

图 059

■■■■ 包豪斯校舍

纺织工坊，织布机和络筒机，内柱的屋顶排水系统

天花板未经抹灰处理，涂成白色

图 061
包豪斯校舍
金属工坊，旋转车床和磨床

60
包豪斯校舍
金属工坊，钻孔机

图 062

█████ 包豪斯校舍
　　　　金属工坊，工作间

图 063

■■■■ 包豪斯校舍

金属工坊，前景是照明设备的灯具和零件

今天，把年轻人的手艺培训和工业分隔开来的做法是不合乎逻辑的，也是过时的。需要用技艺学徒制来补充传统的手艺学徒制，向每个学员传授现代工业生产方式的基础知识和相互关联。

图 064

包豪斯校舍
木工工坊

图 065

图 066

██████ 包豪斯校舍
初步课程创作实践和制图室

图 067

包豪斯校舍

制图室

建筑系的制图室，左侧的隔墙将制图室与走廊分隔开来，配备了许多存放图纸和建筑材料样品的柜子，连续的窗带为工作间提供了均匀的照明。

图 068

■■■■ 包豪斯校舍

餐厅的食物提供区，背景是铁框窗的枢轴窗

除了技艺的能力之外，建造者还必须了解空间特殊的设计问题，这些问题的解决方法源于人类自然生理的事实；它们先于种族、民族和个人这些次要的需求。

图 069

包豪斯校舍

餐厅，背景是舞台的白色和黑色的折叠门

家具：包豪斯木工工坊（马塞尔·布劳耶）

照明设备：包豪斯金属工坊（莫霍利·纳吉）

色彩设计：包豪斯壁画系（舍珀）

图 070

██████ 包豪斯校舍

工作室楼的每一层都有小厨间，7 个房间共用一个，可共享阳台

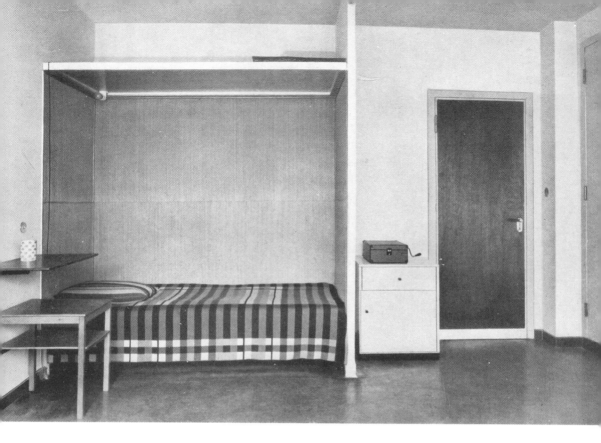

图 071

███ 包豪斯校舍

工作室楼的学生工作室，角落里放了一张床和两个壁柜

图 072

包豪斯校舍
工坊楼的盥洗间

图 073

██████ 包豪斯校舍
两个工坊之间的旋转电话

图 074

██████ 包豪斯校舍
教室里的照明设备：包豪斯金属工坊

用来半间接照明的玻璃球灯是玻璃制作技法的结果，磨砂玻璃（底部）与透明玻璃（顶部）精确地拼接。"交接处的美德"（申克尔）。

图 075

■■■■ 包豪斯校舍
鸟瞰视角

出于显而易见的原因，普通大众主要关注的是建筑物的外观，人类的惰性阻碍了公众舆论适应新形式的迅速变化。技术的历史表明，技术上的新发明最初都以模仿的方式隐藏在过去的伪装背后，例如，最早的汽车看起来与驿马车相似！但是渐渐地，随着技术的飞速发展，现代人已经习惯于更快地采用崭新的、合乎逻辑的外观形式，现代建筑与技术携手，发展出一种与传统工艺大相径庭的面貌，其典型的特征是清晰、匀称，没有任何多余的组成部分，这些也是现代机器工程产物的特征，不受旧世界理念的束缚，有着不同的技艺需要。富有创造性的建筑师的主要兴趣在于发现新的功能，并从技术和创造上把握这些功能。 但是对建筑进行评估的决定性因素仍然是建筑师和工程师能否尽量少地耗费时间和材料，创造出一种能够发挥作用的工具，用来完全满足精神和物质这两方面所要求的生活目的。

包豪斯大师住宅

1925/1926 年建成

建筑师：格罗皮乌斯

包豪斯大师住宅

由德绍市政府委托兴建，1925 年夏季开工，历经一年后投入使用。

一栋独立住宅为 1908 立方米，三栋半独立住宅为 2507 立方米。独立住宅的造价为 61 860 马克，即每立方米 32.4 马克，半独立住宅的造价为 81 500 马克，即每立方米 32.5 马克，包括所有的附加费用。

四栋住宅

一栋独立住宅和三栋半独立住宅坐落在松树林中，每栋住宅之间相距 20 米，东西向排列在不带栅栏的前院的平整草坪上，独栋住宅一侧是车库，车库的围墙位于街道边。

建筑材料

采用夯实的混凝土地基。墙体采用矿渣砖块、沙和水泥制成的中等大小的板材，一个人就能搬动。钢筋混凝土门楣，钢筋砖天花板，部分悬挑形成露台，所有窗户采用抛光的平板玻璃。每栋住宅都有独立的中央供暖系统。不上人的平顶屋面：沥青与砾石；可上人的屋面：沥青与砾石，上盖人造石板。

独立住宅

地下室有三间，给住宅看护人（园艺和供暖维护）的房间、供暖房和储存地窖。底层是居住区，包括起居室和餐厅、两间卧室、厨房和浴室。上层设有客房、女佣室、洗衣房和熨烫室，以及储藏室。所有房间的橱柜和架子都是嵌入式的，安装在墙上或者作为墙面，规定了明确的家务管理程序，避免了杂乱无章。屋顶花园的露台和花园也包括在居住的有机组织中。

半独立住宅

三栋半独立住宅中全部的六个单元在细节上完全相同，但效果又各不相同。量上的简化意味着降低成本和加快建造速度。每栋住宅中一个单元的平面是另一个单元平面的镜像，并且从东向南旋转 90 度，两者使用完全相同的构件，但由于相互交错，两个单元的外观有所不同，工作室和起居室之间的高度差异进一步强化了这种印象。工作室、楼梯间、厨房、储藏室和卫生间朝北，避免了阳光直射；起居室、餐厅、卧室和儿童房，花园、露台、阳台和屋顶花园朝向阳光；杂物间、起居室和餐厅位于底层，卧室和工作室位于上层。

包豪斯壁画系实施的色彩设计，强调了住宅内部的空间组织，同时也为原本相同的房间带来了显著的效果变化。

家具: 包豪斯木工工坊（马塞尔·布劳耶）。照明设备: 包豪斯金属工坊（莫霍利 - 纳吉）。

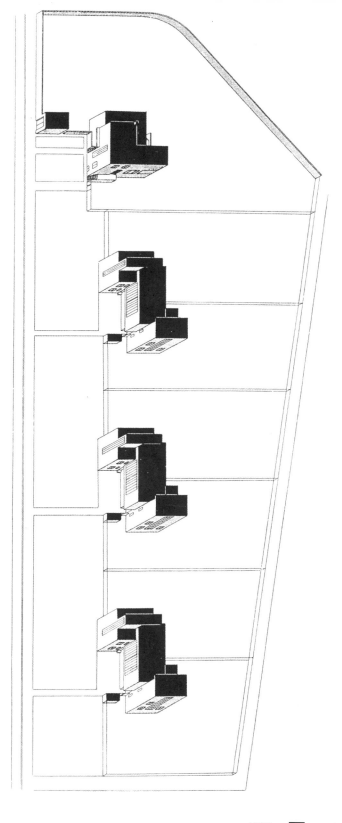

图 076

包豪斯大师住宅

七户住宅总平面图，包括

一栋独立住宅，不带工作室

三栋半独立住宅，每栋有两个工作室

图 077
███████ 包豪斯大师住宅
半独立住宅街道方向（西北向）视角

建筑物之间混合生长着树木和绿植，视线时而开阔，时而闭合，这种对比令人愉悦，
也使得空间更加宽松和生动，并在建筑物和人之间起到了调节的作用，创造出张力和
尺度感。

如果我们不把空间和谐的心理需求、空间生动元素的和谐和比例的需求看作更高层次
的目的，那么建筑也就无法完全实现自身的目的。

图 078

包豪斯大师住宅

格罗皮乌斯独立住宅的花园方向（东向）视角

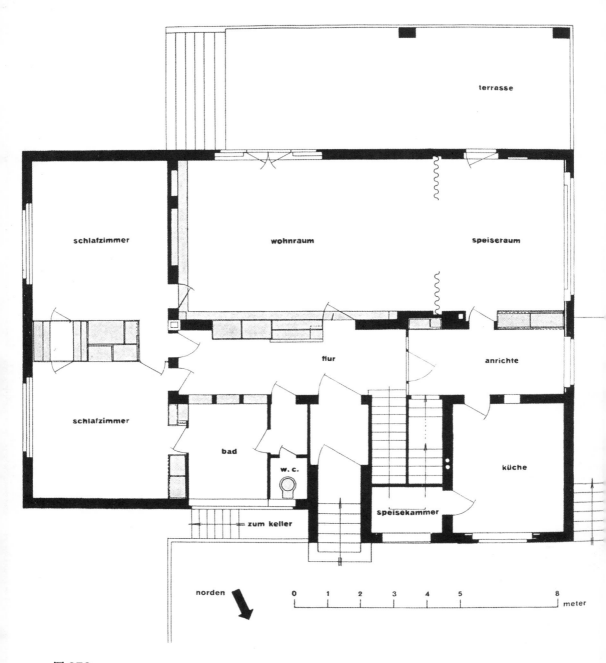

terrasse

schlafzimmer

wohnraum

speiseraum

flur

anrichte

schlafzimmer

bad

w. c.

küche

zum keller

speisekammer

norden

| 0 | 1 | 2 | 3 | 4 | 5 | 8 |

meter

图 079

▆▆▆▆▆ 包豪斯大师住宅

格罗皮乌斯独立住宅的底层平面图

地下室为住宅看护人（园艺和供暖维护）提供了住处

wohnraum 起居室 / speiseraum 餐厅 / schlafzimmer 卧室 / küche 厨房 / speisekammer 茶水间 / anrichte 餐具间 / bad 浴室 /

w. c. 卫生间 / flur 廊道 / zum keller 去地下室 / terrasse 露台

图 080

包豪斯大师住宅

格罗皮乌斯独立住宅的上层平面图

gast wohn- und schlafzimmer 客人起居与卧室 / zimmer 房间 / waschküche 洗衣房 / mädchen 佣人房 / bad 浴室 / boden 储藏室 / flur 廊道 / dach terrasse 屋顶露台

建筑物意味着组织生命的过程。住宅建筑中，居住、睡眠、沐浴、烹饪和饮食等功能不可避免地赋予了整座建筑物以形态，而车站、工厂、教堂，它们的过程是不同的。但是真正的建筑形态只源于这些过程，建筑物的形态并不是为其自身而存在的，它完全源于建筑物的本质，源于建筑物所要实现的功能。

图 081

■■ 包豪斯大师住宅
格罗皮乌斯独立住宅的主入口，街道（北向）视角

图 082

包豪斯大师住宅

格罗皮乌斯独立住宅的侧入口，西向视角

图 083

包豪斯大师住宅

格罗皮乌斯独立住宅的车库（右侧），东北向视角

图 084

■■■■ 包豪斯大师住宅

格罗皮乌斯独立住宅的侧入口，西向视角

图 085

■■■■■■ 包豪斯大师住宅

格罗皮乌斯独立住宅的底层和上层露台，南向视角

图 086

包豪斯大师住宅

格罗皮乌斯独立住宅的底层和上层露台，东南向视角，后方是半独立住宅

底层的餐厅前有带顶的露台，台阶通往花园，上层是休息室和日光浴室，配有橙色的窗帘

图 087

包豪斯大师住宅
格罗皮乌斯独立住宅的主入口前厅

图 088

包豪斯大师住宅

格罗皮乌斯独立住宅的前厅嵌入式衣帽橱

（humboldt-film / 柏林）

人体的自然尺度、运动和功能在确定各种家具的比例和高度方面起到决定性的作用。我们今天的生活与我们的祖辈不同，我们的社会和家庭关系发生了变化，今天的女性在劳动市场上的地位也发生了变化，我们没有时间出于虚假的情感再去模仿过去的社会形态和生活方式，那是在完全不同的条件下产生的，我们的祖辈需要的家具与我们在汽车和铁路时代需要的家具是不同的。我们并不是为了家具而存在的，不过今天人们所见的经常会是那样，然而事实恰恰相反。

图 089

▬▬▬▬ 包豪斯大师住宅

格罗皮乌斯独立住宅的起居室和餐厅

照明设备：包豪斯金属工坊

色彩设计：马塞尔·布劳耶和包豪斯壁画系

家具：马塞尔·布劳耶

日常生活的流畅、合理运行并不是最终的目标，它只是实现个人最大限度的自由和独立的前提条件。因此，实际生活过程的标准化，并不意味着带给个人新的奴役和机械化，而是让生活摆脱不必要的束缚，使它得以更加无拘无束、丰富多彩地展开。

图 090

包豪斯大师住宅
格罗皮乌斯独立住宅的餐厅，配有餐具柜和通向水槽的上菜舱口
防晒设施：卷帘
色彩设计：马塞尔·布劳耶和包豪斯壁画系
壁柜：瓦尔特·格罗皮乌斯和马塞尔·布劳耶

图 091

包豪斯大师住宅

格罗皮乌斯独立住宅的带橱柜的餐厅

色彩设计：马塞尔·布劳耶和壁画系

钢管家具：马塞尔·布劳耶

减少承重墙，替换成柱子，嵌入式的壁橱充分地利用了墙的厚度

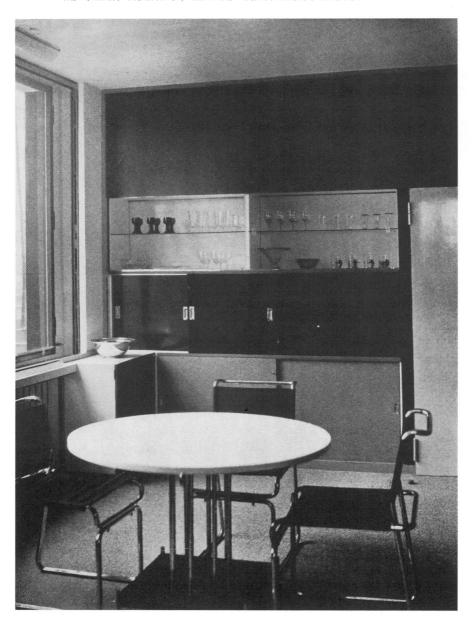

图 092

包豪斯大师住宅

格罗皮乌斯独立住宅的大窗户前的博思维科格栅

（humboldt-film / 柏林）

图 093

▇▇▇▇ 包豪斯大师住宅

格罗皮乌斯独立住宅的客厅的双人书桌（马塞尔·布劳耶）

图 094

■■■■ 包豪斯大师住宅

格罗皮乌斯独立住宅的双人书桌的垂直档案系统（humboldt-film / 柏林）

条理清晰的家庭档案，能让主妇更容易料理家庭事务。

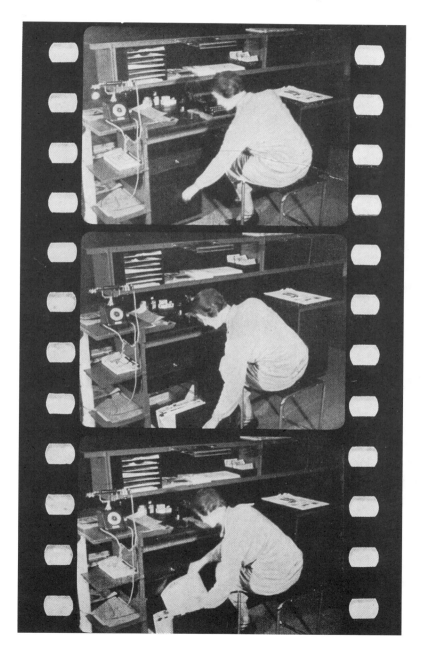

图 095

包豪斯大师住宅

格罗皮乌斯独立住宅的双人书桌上的折叠式台灯（包豪斯金属工坊，玛丽安娜·布兰特）

图 096

包豪斯大师住宅

格罗皮乌斯独立住宅

餐厅内有可移动画框的壁龛，用来装画、印刷品或照片，

下方是餐具柜，带折叠式餐桌

图 097

包豪斯大师住宅

格罗皮乌斯独立住宅的起居室的茶水角

配有冷热水给排水，以及电器设备的电源插座

图 098

■■■■ 包豪斯大师住宅

格罗皮乌斯独立住宅的起居室的缝纫柜和书架（马塞尔·布劳耶）

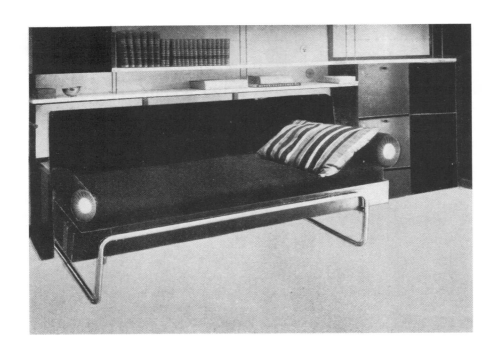

图 099 和图 100

包豪斯大师住宅

格罗皮乌斯独立住宅的起居室折叠双人沙发（瓦尔特·格罗皮乌斯和马塞尔·布劳耶）

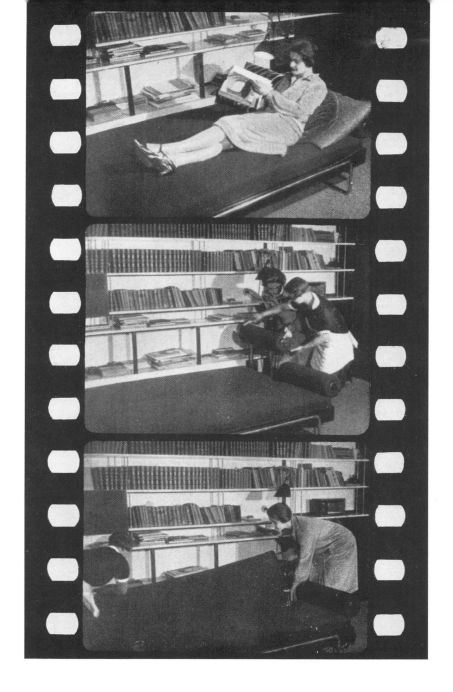

图 101

包豪斯大师住宅

格罗皮乌斯独立住宅的起居室折叠双人沙发（瓦尔特·格罗皮乌斯和马塞尔·布劳耶）

（humboldt-film / 柏林）

今天，许多事情仍显得奢侈，

不久，就会成为常态！

图 102

包豪斯大师住宅

格罗皮乌斯独立住宅的起居室装有风扇（容克斯公司）

在墙壁后方安装了供暖装置，与中央供暖系统相连，在冬季可以吸入新鲜空气加热

图 103

包豪斯大师住宅

格罗皮乌斯独立住宅的起居室的风扇（容克斯公司）

（humboldt-film／柏林）

图 104

包豪斯大师住宅

格罗皮乌斯独立住宅的餐厅前的阳台
西侧开口（右侧）有一块固定的镜面挡风玻璃

图105

包豪斯大师住宅

格罗皮乌斯独立住宅的上层的屋顶露台

（humboldt-film / 柏林）

图 106

包豪斯大师住宅

格罗皮乌斯独立住宅的卧室

卧室壁柜：瓦尔特·格罗皮乌斯和马塞尔·布劳耶

色彩设计：马塞尔·布劳耶和包豪斯壁画系

相邻房间的整面墙壁都是深柜和壁龛（木制）（平面图见图 079）

图107

包豪斯大师住宅

格罗皮乌斯独立住宅的卧室的鞋柜

（humboldt-film／柏林）

图 108

███ 包豪斯大师住宅
　　格罗皮乌斯独立住宅的卧室的床头柜

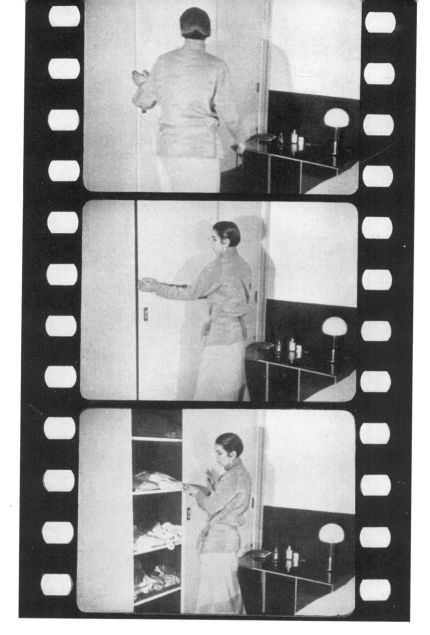

图 109

包豪斯大师住宅

格罗皮乌斯独立住宅的主卧室的嵌入式衣橱

（humboldt-film／柏林）

图110

包豪斯大师住宅

格罗皮乌斯独立住宅的步入式衣柜，当门打开或关闭时，灯会自动开关

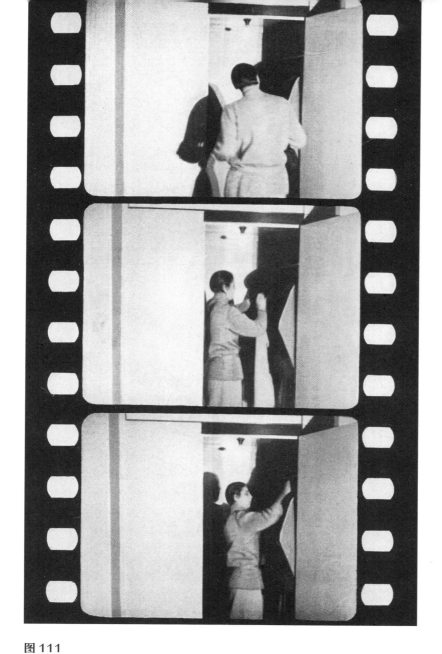

图 111

包豪斯大师住宅

格罗皮乌斯独立住宅的步入式衣柜

（humboldt-film／柏林）

图 112

包豪斯大师住宅

格罗皮乌斯独立住宅的卧室内的洗脸盆

图 113

包豪斯大师住宅

格罗皮乌斯独立住宅的客房的镜面凹槽，供个人梳妆

图114

包豪斯大师住宅
格罗皮乌斯独立住宅的洗碗间和厨房内景

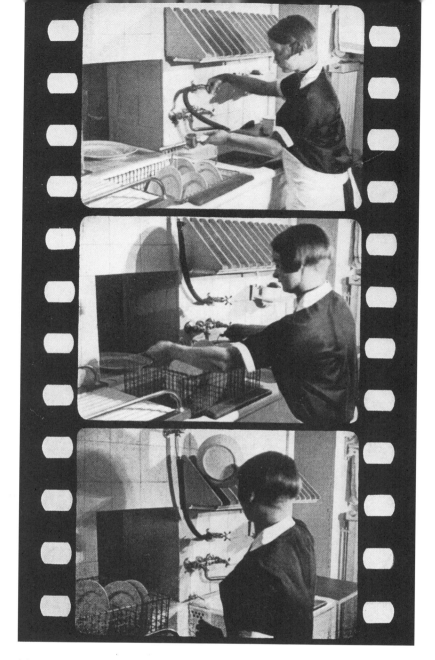

图 115

包豪斯大师住宅

格罗皮乌斯独立住宅的洗碗间

热水高压喷雾；餐具篮；盘子沥水架

（humboldt-film / 柏林）

图 116

包豪斯大师住宅

格罗皮乌斯独立住宅的厨房，配有通向水槽的舱口

厨房橱柜：马塞尔·布劳耶

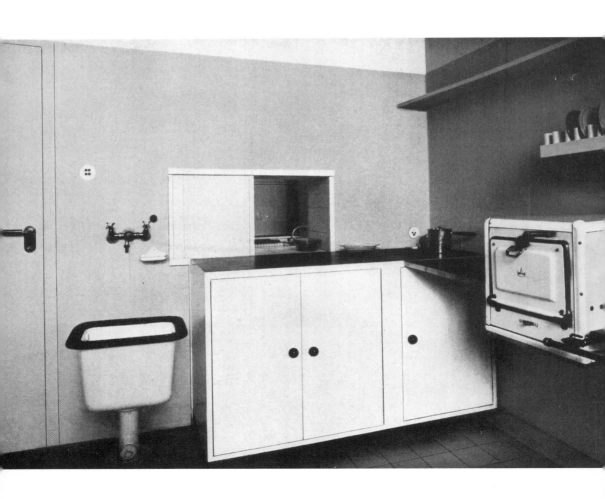

图 117

████ 包豪斯大师住宅

格罗皮乌斯独立住宅的餐厅和水槽之间的嵌入式餐具柜，可以两侧开口

（瓦尔特·格罗皮乌斯和马塞尔·布劳耶）

（humboldt-film／柏林）

图 118

包豪斯大师住宅

格罗皮乌斯独立住宅的厨房

碗柜：马塞尔·布劳耶

图 119

包豪斯大师住宅

格罗皮乌斯独立住宅的厨房中带镀锌格栅的碗柜（马塞尔·布劳耶）

（humboldt-film / 柏林）

图 120

▅▅ 包豪斯大师住宅

格罗皮乌斯独立住宅的熨衣板柜，从这张合成的图片上可以看到熨衣板折入和折出的情况

图 121

包豪斯大师住宅

格罗皮乌斯独立住宅的楼梯间，有一个三部分组成的嵌入式橱柜，
橱柜由墙壁与外部隔开，分别用于存放桌布、床单和衣物
（humboldt-film / 柏林）

图 122

包豪斯大师住宅

格罗皮乌斯独立住宅的浴室，墙上覆盖着水晶玻璃板

图 123

包豪斯大师住宅

格罗皮乌斯独立住宅的洗衣房，配备无皮带电机驱动洗衣机和采用燃气加热的干衣机

图 124

包豪斯大师住宅

东向视角，俯瞰半独立住宅

所有楼层都有露台和阳台门廊，几乎所有房间都有露天阳台，阳台由无支撑的悬臂式实心天花板构成

图 125

■■■■　包豪斯大师住宅
　　　半独立住宅的东向视角

空间感正在发生变化；旧时代发展至今的文化，体现了由坚实的、单一的结构和个体化的室内空间所带来的沉重的尘世感，而当今建筑师的作品则展现出一种变化了的空间感，这种空间感反映了我们这个时代的运动和交往方式，结构和空间变得更为松快，并力求保持室内和室外空间的联系，而这正在于对封闭围合墙体的否定。

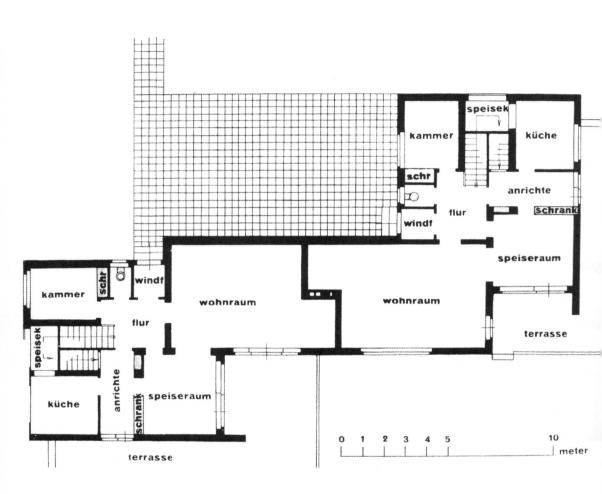

图中标注文字：

speisek

kammer

küche

schr

anrichte

flur

Schrank

windf

speiseraum

wohnraum

wohnraum

terrasse

kammer

schr

windf

speisek

flur

anrichte

wohnraum

schrank

küche

speiseraum

terrasse

0 1 2 3 4 5　　　　10
| meter

图 126

■— 包豪斯大师住宅

半独立住宅的底层平面图，

两个单元中的一个单元是另一个单元的镜像，并从东向南旋转 90 度，

由此两个单元得以使用相同的建筑构件，但有不同的视角，也更具私密性

wohnraum 起居室 / speiseraum 餐厅 / küche 厨房 / speisek 茶水间 / kammer 侧间 / anrichte 餐具间 / schrank 橱柜 /
windf 门厅 / flur 廊道 / terrasse 露台

为了提高居住的舒适度，可以在不造成不利影响的情况下适度缩小房间的面积。家政服务的问题日益棘手，例如在美国，这一问题已经迫使人们采取改变生活方式的措施，而这对生活有机体的配置产生了决定性的影响。住宅的组织和技术必须保护家庭主妇，不能让她们的精力只消耗在家务上，而应该让她们有足够的精力自由地发展自身的智识和教育子女。

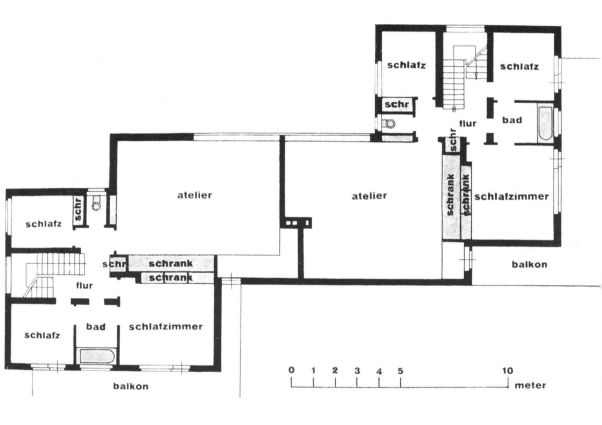

图127

包豪斯大师住宅

半独立住宅的上层平面图

左侧的单元二楼也有两间卧室

schlafzimmer 卧室 / bad 浴室 / schrank 橱柜 / flur 廊道 / balkon 阳台 / atelier 工作室

图 128

■■■■■ 包豪斯大师住宅
半独立住宅的餐厅外的休憩区

图 129

包豪斯大师住宅

半独立住宅花园（南向）视角

图 130
█████ 包豪斯大师住宅
半独立住宅工作室（莫霍利 - 纳吉工作室）

尽管各户住宅的平面图完全相同，但在色彩设计和家具布置上的不同处理产生了如此多样化的效果，以至于观者意识不到不同住宅中的房间原本都是相同的。

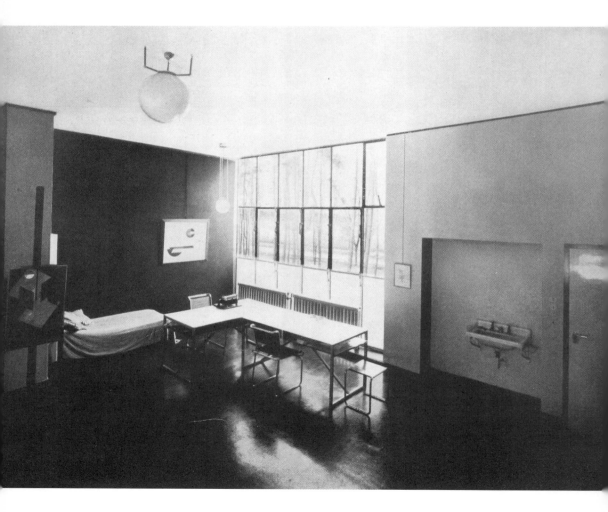

图 131

包豪斯大师住宅

半独立住宅的工作室铁框枢轴窗，窗扇倾斜

图 132

包豪斯大师住宅
半独立式住宅的起居室
室内设计：穆赫

图 133

包豪斯大师住宅

半独立住宅的窗外景色

今天的家庭主妇，要在令人疲惫不堪的喧闹生活中面对比过去更多的要求，而且她们很难找到足够多的家政服务人员，她们会为自己在家中不再需要面对大量无用的物品和华丽的家具而感到欣慰，因为打理这些物品和家具不仅耗费时间，而且只会带来陈旧过时的所谓"舒适"的感觉。就像我们不愿意穿着洛可可式的服装，而是要穿上现代服装走在大街上一样，我们也希望我们扩展的外衣，也就是住宅，能够摆脱那些毫无意义的杂乱之物和多余的装饰。我们已经厌倦了风格的随意性，已经从心血来潮转变为循规蹈矩，而现在，我们所追求的是以清晰、简洁明了的形式来表达我们家庭环境的本质和意义，这才符合我们今天的生活方式。

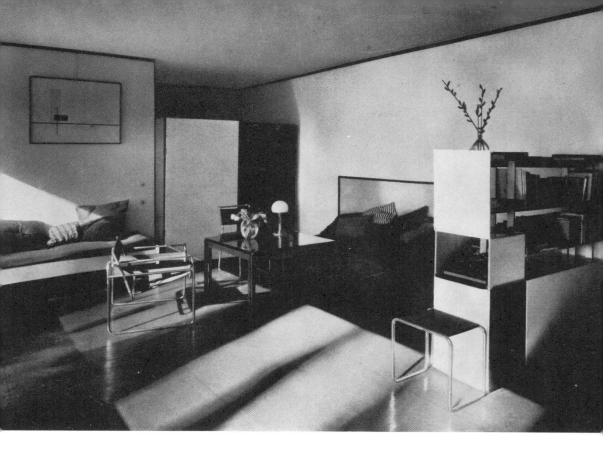

即便在今天，我们仍然可以看到那些新装修的洛可可或文艺复兴风格的公寓，这几乎是令人无法理解的，为什么今天的人们竟然还会被说服，以为这才是最理想、最"高贵"的家庭生活准则。这种观点在个人对秩序、便利、速度和清晰度的职业需求与对美和家庭舒适度的情感需求之间，形成了奇怪的反差，似乎无法将这两者的愉悦与舒适结合起来。

今天这一代的建筑师已经彻底地打破了这种观点，他们认为自己主要的任务在于如何用当前的技术满足自己时代的需求，而不是软弱无力地模仿自己的前人。

图 134 和图 135

包豪斯大师住宅
半独立住宅的起居室
莫霍利 - 纳吉住宅
家具：马塞尔·布劳耶

图 136

包豪斯大师住宅

半独立住宅的餐厅，设有连通水槽的餐具柜

色彩设计：莫霍利 - 纳吉和包豪斯壁画系

桌椅：马塞尔 · 布劳耶

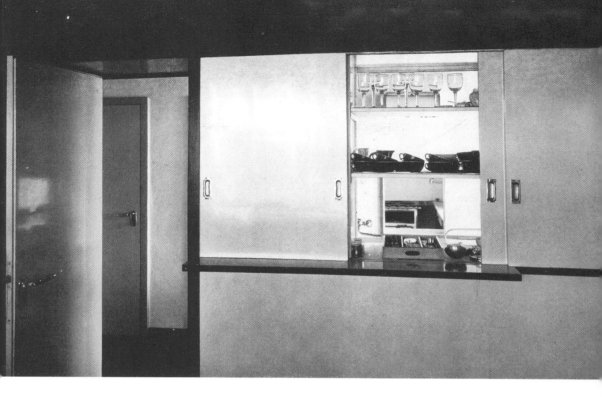

图 137

包豪斯大师住宅

半独立住宅的餐厅和水槽之间的开放式餐具柜

图 138

■■■ 包豪斯大师住宅
半独立住宅的卧室一角（莫霍利 - 纳吉工作室）
家具：马塞尔·布劳耶

图 139

包豪斯大师住宅

半独立住宅的卧室窗户（东向）

图 140

包豪斯大师住宅
半独立住宅的一楼浴室

图 141

▬ 包豪斯大师住宅

半独立住宅的厨房的餐具柜，厨房外可以从地窖楼梯平台进入

德绍 - 托尔滕定居区
和德绍合作社大楼

1926—1928 年建成

建筑师：格罗皮乌斯

■■■■ 德绍市

在通往莱比锡的主干道上，从安哈特州获得一块邻近托尔滕村的土地，在此建造了德绍 - 托尔滕定居区。

■■■■ 定居区

根据我的规划，并在我对整个项目的指导下，项目分为 1926 年、1927 年和 1928 年三个施工阶段，共计建造了 316 栋单户排屋，每户有 4 或 5 个房间。

■■■■ 项目

目标是结合所有合理化的可能性，降低房屋的租金。通过经济的规划、及时的施工准备、审慎的招标，以及经济的施工原则选择，得以实现这一降低房租的目标。

在工程招标之前，整个规划按照 1 ：20 的比例尺进行了详细设计，确保了所有设施，包括煤气、自来水、照明、供暖设施在内的尺寸和管线从一开始就确定下来。

同一工期建造的住宅单元数量如下：

1926 年 60 户；

1927 年 100 户；

1928 年 156 户。

在这种情况下，合理使用大型施工设备，用重达 1.5 吨的起重机来移动施工用的构件。对施工现场的调查显示，这里有大量优质的建造用砂和砾石，因此，我决定根据我自创的体系以混凝土的施工方法建造，这样能够确保减少施工现场的运输量，因为有现成的砾石和砂，所以只需要运输水泥和退火焦渣，用来生产矿渣混凝土墙体构件。

■■■■ 退台式住宅的设计原则

承重的防火墙由 22.5 厘米 ×25 厘米 ×50 厘米的空心煤渣砌块砌成，也就是一个人都能搬动的大小；防火墙之间的天花板布置在从梁到梁干铺的预制混凝土托梁上，没有中间填充物，外墙用的是矿渣混凝土空心砌块制成的隔热非承重墙板，由悬臂式钢筋混凝土梁支撑，直接将荷载传至防火墙。

■■■■ 施工

结构的建造是根据事先制定好的详细的施工现场计划进行的，结构的构件、墙板和混凝土天花板梁都是在施工现场用机器以流水线作业的方式生产出来的，从而按照计划限制人员与设备闲置的时间，提高效率。

在待建房屋的后排，有 8 台铸块机器，它们以计件的方式生产空心煤渣砌块，两个工人的生产量逐渐增加到每天 250 块。当一组 8 户住宅的砌块完成并堆放在一起之后，8 台机器就被转移到下一组，以此类推。

预制混凝土托梁是在施工现场端头专用的机器上用优质水泥制成的，先将钢筋放在旁边的工作台上准备好，工作台位于生产线的延伸端，待预制梁从机器上生产出来后将其放在一个干燥台上，干燥台的尽端是已经晾干的梁，用手推车将晾干的梁运到起重机上，起重机将梁以 6 根为一捆移走。

施工现场工作的基本原则是，每组房屋的同一施工期都要重复使用相同的工人，从而提高工作效率。为了确保各个施工期的结构骨架施工和室内施工能从一开始就相互衔接，我们按照铁路运营计划的方式制定了精确的时间表，最初是在开工前制定的，然后在施工期间，根据现场进展情况，对已完成的计划进行补充。

由于采用了这一施工方法，生产时间得以缩短：
在 1928 年的施工期，130 栋房屋在 88 个工作日内完工，其中包括所有的结构件、施工现场的建筑体，以及内外抹灰的结构骨架的生产，即 0.67 天 1 户住宅，或者说每户住宅约 5.5 工时。

从平面图上我们可以看出，由于这些是半乡村的定居区，每户住宅的占地面积为350~400平方米。只有厨房和屋顶的水被排放到下水道系统，而厕所被设计为干式厕所，以回收粪便用于为厨房花园提供肥料。

所有住房都有集中的供暖系统，第一期用的是热风供暖，第二期和第三期为热水集中供暖。炉灶使用燃煤灶，旁边有灶的煤气接口。所有住房都有浴室，第一期浴室用的是容克斯燃气热水器，第二期和第三期为锅炉系统。

卧室可以放下两张标准床。

所有的门用的是平滑的胶合板和铁门框。窗户主要为双层玻璃窗，部分为镀锌铁窗，厨房和卧室都有内置的通风挡板。

平屋顶上铺一层软木或干铺蜂窝混凝土，防止热量散失。

■■■■ 新的经验

在第一个施工阶段，德国经济和住房研究中心批准了350 800马克的试验资金，即256户住宅每套1000马克的贷款，利率为2%。此外，44 800马克用来施工测试，50 000马克作为贷款用于采购新的机械设备，改进施工体系。作为回报，客户承诺将

户型	底层占地面积	建筑体量	建造成本（包括间接成本）	道路、公共设施、土地成本
	平方米	立方米	马克	马克
1926	74.23 五间房	337.62	8734.90	1342.10
1927	70.56 五间房	315.34	9043.30	1456.70
1928	57.05 四间房	286.13	8043.30	1456.70

根据研究中心的要求，评估并提供后两个施工阶段的技术和组织结果。评估的第一部分已经公布。[1]

得益于这些资金，我们可以系统地测试结构体系和新材料（如轻质混凝土）组合的实际可行性。中心即将公布进一步的官方评估结果。

由于建筑业在工业化和合理化的方向上取得了势不可挡的根本进展，作为这场运动的代表项目，德绍 - 托尔滕定居区也引发了激烈的争议。然而，在这里所实践的奠基性的理念将会因为与时代同行而被广泛接受，下表总结了这一定居区的数据。

▬▬▬ 合作社大楼

合作社大楼是位于德绍 - 托尔滕定居区中心的一座四层建筑，是根据我的方案于 1928 年建造的，它服务于德绍和附近地区。建筑体量 4480 立方米，造价总计为 111 676 马克，即每立方米约 24.9 马克，包括所有的附加费用在内。除了底层的商店外，还有三层是公寓，每层有三个房间及一间厨房。

1__ 德国经济和住房研究中心"德绍实验定居区报告"特刊 7，Beuth 出版社，柏林，1929 年。

总成本	每平方米占地面积成本	每立方米建筑体量成本	每平方米占地面积体量	每月利息和还贷支出
马克	马克	马克	立方米	马克
10 100	136.10	25.87	4.53	27.13
10 500	148.80	28.68	4.47	37.42
9500	166.52	28.11	5.00	32.91

建筑业的手工艺性质正在逐渐向工业方面转变。越来越多的工作正在从施工现场的流动工地转移到固定的工业车间——工厂。过去建筑业季节性施工的特点，以及由这一特点带来的对雇主、雇员和整个经济的不利影响，正在逐渐让位于持续稳定的运作。

采用新材料、新结构和新操作的新的施工方法，才刚刚开始比旧的手工砌筑方法获得经济优势，这一事实并不能证明这种发展是不正确的。由于建造施工领域范围广大，在新的基础上进行合理化生产还十分困难。过去的季节性施工对雇主、雇员及整个国民经济都不利，正在逐步让位于连续施工。

大量日常消费品的手工生产方法逐渐被工业方法取代，这一转变也逐渐出现在建筑业这一复合型的关键行业；因为这种转变对整个经济生活来说是如此剧烈，所以必须谨慎地选择转变的速度，以免因为操之过急而危及现有的经济群体，尤其是技术行业。

图 142

德绍 - 托尔滕定居区
鸟瞰视角
1926 年施工阶段

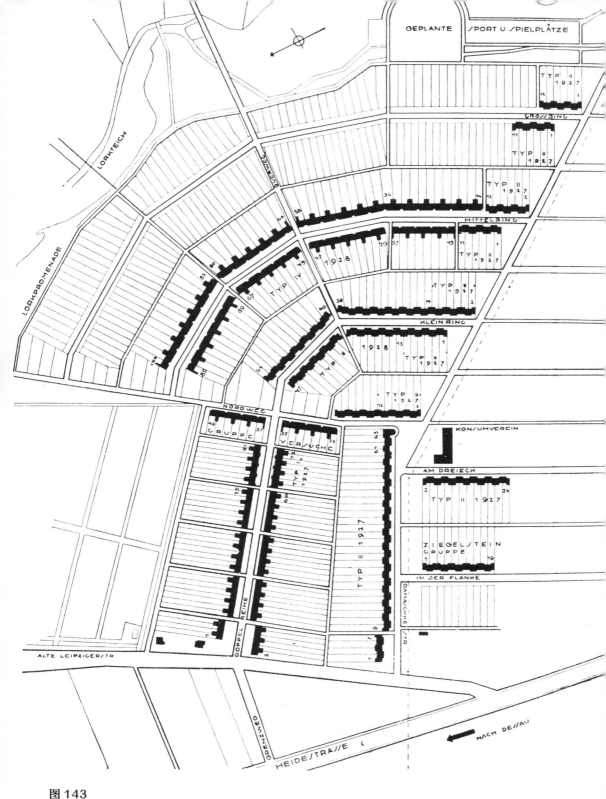

图 143

⬛ 德绍 - 托尔滕定居区

总平面图，各施工阶段：1926 年（60 户）、1927 年（100 户）、1928 年（156 户）

konsumverein 消费合作社 / geplante 规划用地 / sport u spielplatze 运动与游乐场 / nach dessau 前往德绍

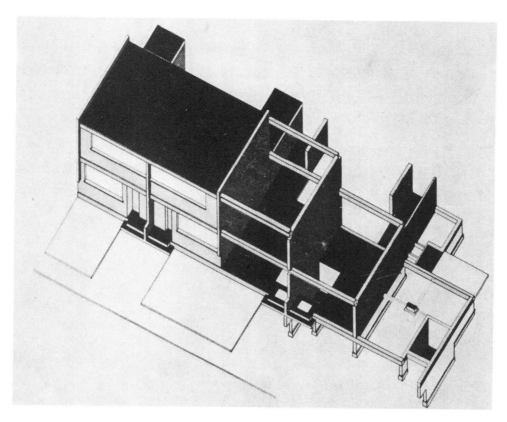

图 144

德绍 - 托尔滕定居区

构造方案，1926 年施工阶段

承重的防火墙由空心煤渣砌块砌成，防火墙之间的天花板布置在从梁到梁干铺的预制混凝土托梁上，外墙用的是矿渣混凝土空心砌块制成的隔热非承重墙板，由悬臂式钢筋混凝土梁支撑，直接将荷载传至防火墙。

最低限度的住所这一问题，就是要确定人们所需要的最低限度的空间、空气、光线和取暖等基本要素，为的是让生命功能得到充分的发展，而不会再归咎于住所的限制条件，也就是说，是最低限度的"生存的方式"，而不是"活着的方式"。[1] 最低限度，会根据城市和乡村、地景和气候这些当地的条件发生变化。在狭窄的大城市街道和人口稀少的郊区，住所中给定数量的空间具有不同的意义。冯·德里加尔斯基、保罗·沃格勒，以及其他的卫生学家已经证实，如果能有尽可能好的通风和日照条件，那么从生物学的角度来看，人们并不需要太大的居住空间，尤其是从建造技术的角度来看，如果居住空间能够安排得当的话，更是如此。一位知名的建筑师将巧妙布置的衣柜和板条箱进行了对比，形象地表明了安排合理的现代小型公寓要胜过那种老式住所。

然而，如果提供照明、阳光、空气和取暖在文化上更为重要，而且在正常的土地价格下，比增加空间更为经济，那么当务之急就是：扩大窗户，缩小房间尺寸，节省食物而不是热量，这就像此前比起食物的维生素值，人们更愿意高估卡路里值一样，而现在还有不少人错误地认为更大的房间、更大的公寓才是住房问题的解决之道。

为了未来的社会中个体得以更为鲜明地发展，以及偶尔要与社会环境隔离开来这一合乎情理的个体需求，有必要确定理想的最低限度的要求：即使再狭小，每个成年人也都应当有他自己的房间！根据这些基本要求而产生的最低限度的住所，才能体现其目的和意义，那就是：标准住宅。

标准化的类型并不是文化发展的障碍，而是文化发展的先决条件之一。它意味着从优中再选优，并将基本的、超个人的事物与主观的事物区分开来。只要我们回顾一下历史，那种所谓类型化和标准化会蹂躏个人的童话就会消失。类型一直是社会秩序井然有序的标志，相同部件重复出现会产生秩序感和令人安心的效果。

今天，人们购买汽车时，不会想到要"量身定做"一辆，因为只有批量生产，也就是使用标准化的部件，进行类型化的生产，才有可能创造出这一相对完美的工具。我们无法理解住房为什么不可以也按照同样合理化的原则建造，尤其是这种方式已经在许多其他的领域得到了证明，它可以减少成本并有所改进！住房是一种典型的组团结构，它是更大的单元——街道、城市的一分子。

图 145

德绍 - 托尔滕定居区
从合作社大楼屋顶向东俯瞰定居区

尽管城市景观的这一组成部分的一致性必须从外部表现出来，但是尺度上的差异提供了非常必要的变化。我们国家或其他国家那些最好的城市景观都能够大体证明，城市景观的美观和清晰明了会随着标准化类型的实现及房屋结构类型的重复而得到强化。标准化始终是不同个体的客观解决方案相互协调后最终的也是最成熟的结果。它是整个时代的公分母，不同的类型并存，自然竞争，为个性和民族的发展留下了回旋的余地，建造元素的一致性将会产生有益的影响，我们新的住宅和城镇将再次具有共通的特征。标准化的类型并不是现代人的发明，它一直是文化繁荣的象征。将我们日常所需的房屋和物品局限在几种类型之中，这么做是明智而审慎的，这样可以提升它们的质量，可以降低它们的价格，从而必然会将整个社会带向更高的层级。

1__ 保罗·沃格勒 [Paul Vogler]，医生，柏林。

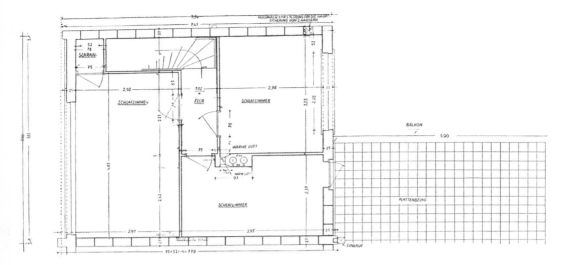

图 146

■■■ 德绍 - 托尔滕定居区

1926 年施工阶段户型的上层平面图

schlafzimmer 卧室 / flur 廊道 / balkon 露台 / schrank 橱柜 / plattenbelag 镶板 / warme luft 暖风 / einlauf 进气口 / aussparen 1/2 stein für die hauptsicherung von 2 hausern 1/2 石材凹槽，用于 2 栋房屋的主保险丝盒

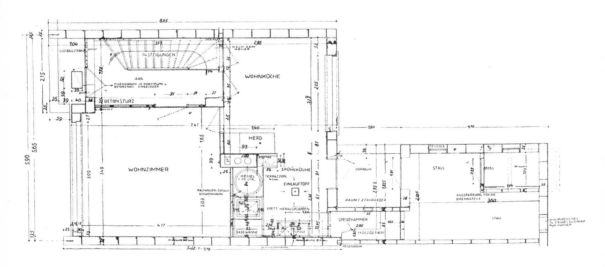

图 147

■■■ 德绍 - 托尔滕定居区

1926 年施工阶段户型的底层平面图

vorraum 前厅 / spühlküche 盥洗间 / wohnküche 餐厅厨房 / wohnzimmer 起居室 / stall 鸡舍 / abort 卫生间 / 14 steigungen14 阶楼梯 / nach dem keller 前往地下室 / raum f 2 fahrrader 两辆自行车摆放处 / speiskammer 食物储藏 / holzgefach 木隔间 / herd 灶具 / badewanne 浴缸 / spüle 水槽 / kessel 70 ltr70 升锅炉 / einlauftopf 进水口容器 / kaltwasser zufluss schwenkhahn 冷水入口旋转龙头 / schwenkhahn 旋转龙头 / fenster 窗 / brett herausklappen 折叠板 / betonsturz 混凝土楣 / eisenzargen in podestplatte u betonsturz eingelassen 嵌入基座板和混凝土楣的铁柜 / glasbausteine 玻璃砖 / terrazzopl 水磨石板 / aussparung für die brennstelle 盥洗凹槽 / aussparen eines 1/2 steines als eineaus für hühner / 用于鸡舍的 1/2 石材凹槽 / regenrohr 雨水管

图 148

德绍 - 托尔滕定居区

1926 年施工方案的模型

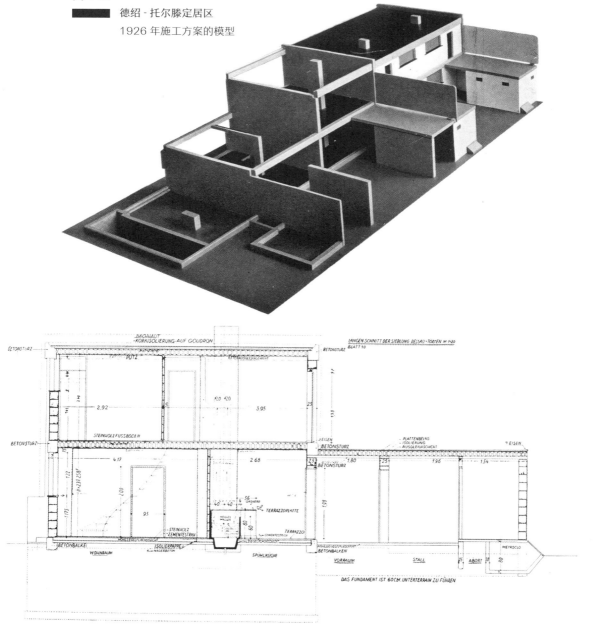

图 149

德绍 - 托尔滕定居区

1926 年户型剖面图，标明了预制混凝土天花板托梁

wohnraum 起居室 / spühlküche 涮洗间 / vorraum 前厅 / stall 鸡舍 / abort 卫生间 / betonbalken 混凝土梁 / betonsturz 混凝土楣 / hohlziegelflachschicht 空心砖平层 / isolierpappe 隔热板 / steinholz fussboden 石木地板 / putz 抹灰 / korkisolierung auf goudron 软木隔热层 / dachhaut 屋顶覆层 / betonausgleichschicht 混凝土找平层 / plattenbelag 楼板面层 / isolierung 隔热材料 / ausgleichschicht 找平层 / metroclo 下水坑 / 6 cm magerbeton 斜混凝土 / steinholz 石材 / zementestrich 水泥平层 / terrazzoplatte 水磨石砖 / terrazzo 水磨石 / eisen 铁 / das fundament ist 60 cm unterterrain zu führen 地基应铺设在地面以下 60 厘米处 / gasherd 煤气灶 / heisses wasser 热水

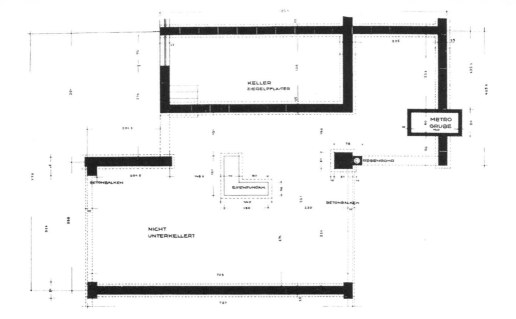

图 150

■■ 德绍 - 托尔滕定居区

1927 年户型的地下室与地基平面图

keller 地下室 / nicht unterkellert 无地下室 / metro grube 下水坑 / betonbalken 混凝土梁 / eisenfundam 铁质基础 / ziegelpflaster 砖铺 / regenrohr 雨水管

wohnzimmer 起居室 / spüle 盥洗 / flur 廊道 / stall 鸡舍 / boden 储藏 / metro 下水 / steinholz 石木 / zementestrich 水泥平层 / regenrohr 雨水管

schlafzimmer 卧室 / flur 廊道 / bad 浴室 / balkon 阳台 / steinholz 石木 / terrazzo 水磨石 / zementplatten 水泥砖 / netzamschl 网状板条 / regenrohr 雨水管

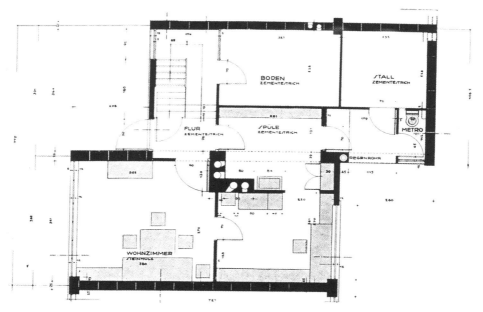

图 151

德绍 - 托尔滕定居区

1927 年户型的底层平面图

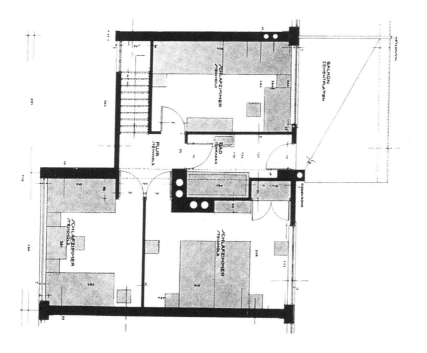

图 152

德绍 - 托尔滕定居区

1927 年户型的上层平面图

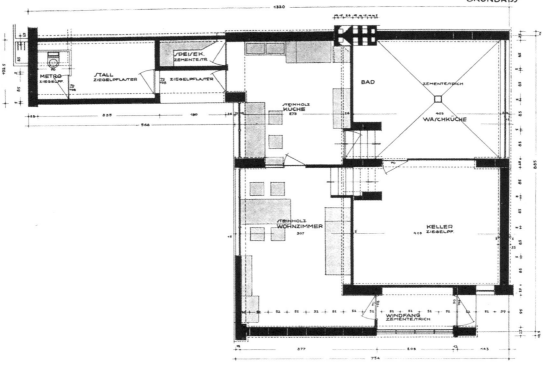

毫无疑问，对于居住者来说，面积较小但设计合理的平面比面积较大但不够合理的老式平面，提供更高的居住舒适度。

图 153

德绍 - 托尔滕定居区

1928 年户型地下室和底层平面图

windfang 门廊 / wohnzimmer 起居室 / keller 地下室 / küche 厨房 / waschküche 洗衣房 / bad 浴室 / speisek 餐间 / stall 鸡舍 /
metro 下水 / steinholz 石木 / zementestrich 水泥平层 / ziegelpflaster 砖铺

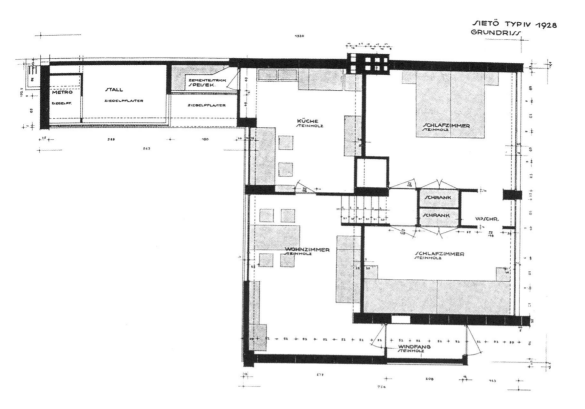

图 154

███ 德绍 - 托尔滕定居区

1928 年户型底层和上层平面图

schlafzimmer 卧室 / schrank 橱柜 / wasch 洗漱间 / steinholz 石木 / windfang 门廊 / wohnzimmer 起居室 / küche 厨房 / speisek 餐间 / stall 鸡舍 / metro 下水 / ziegelpflaster 砖铺

图 155

■■■■■ 德绍 - 托尔滕定居区
1926 年施工阶段
总平面图，合理布置的施工现场

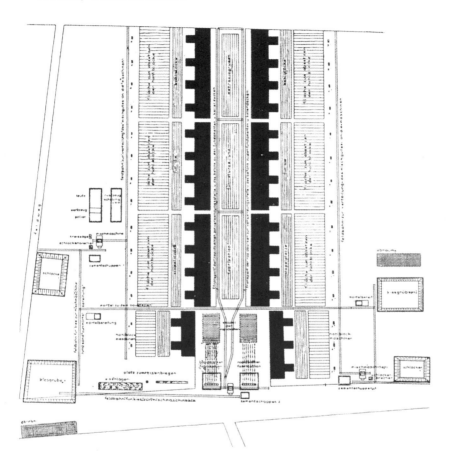

最实在不过的宏观经济事实是以更经济的方式满足我们的需求，即
通过持续提高组织化的程度，减少成本、劳动力和材料的消耗，这
种驱动力带来了机器、分工、合理化。这些概念对我们的国民经济
来说是不可或缺的，它们对建筑活动及其他的人类活动都具有同样
的意义。

kiesgrube 砾石坑 / mörtelbereit 预拌砂浆 / mischmaschine 搅拌机 / schlackenbrecher 矿渣破碎机 / zementschuppen 水泥棚 /
schlacke 矿渣 / abraum 覆土 / hohlblockmaschine 空心砌块机 / platz zum eisen biegenwan 铁加工场 / eisenlager 铁料库 /
betonbalken fabrikation 混凝土梁制作 / stapel der /leute 人员 / werkzeug 工具 / polier 抛光机 / geräteschalung 模具 / Kreissäge
圆锯 / fläche zum absetren der hohlblock 空心砌块下料面 / stapelplatz für hohlblock 空心砌块堆放区 / fabrikation für stürze und
metrogruben 楣和下水坑制作

图 156

德绍 - 托尔滕定居区
1926 年施工阶段
根据总平面图组织有序的施工现场

大型的施工现场是实现合理化的主要前提条件，因为它的规模较大，
所以更可能部署受过专门培训的团队，管理、监督和机械设备的一
般间接费用的分配也要比小型的施工现场更为有利。

图 157

■■■■■ 德绍 - 托尔滕定居区

1926 年施工阶段，结构施工时间表

einrichtung der baustelle 施工现场设置 / ausschachtung fundament 挖掘基地 / trennwand 隔墙 / kellerausschachtung 地下室挖掘 / banquette isolierung 隔热板 / kellermauer 地下室墙体 / einschalung kellerdecke 地下室天花模板 / kellerdecke 地下室天花板 / erdgeschoss-stallmauer schornstein 底层鸡舍墙壁烟囱 / erdgeschossdecke einschl sturz 带门楣的底层天花板 / obergeschoss mauerwerk 上层砌墙体 / obergeschoss decke 上层天花板 / ausgleichschicht 找平层 / korkestrich 软木层 / dachhaut 屋顶覆层

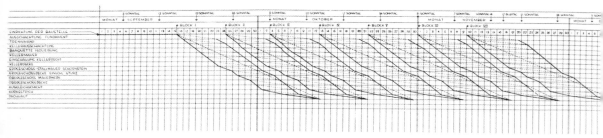

对整个建造行业展开有计划的合理化改革，将会节省大量的投入，
从而腾出足够的资金来解决住房短缺的问题。

166

所有的机械化最终只有一个目的，那就是减轻人类个体的物质劳动，以满足他们的生命需求，从而解放人们的头脑和双手，使其去追求更高层级的成就。如果机械化本身成为目的，那么至关重要的、鲜活饱满的人性，将会沉沦，而个体，不可分割的个体将会沦为机器的一部分。这正是旧的工匠文化与新的机器文化会斗争的根源所在。崭新的时代必然会从手工业和机械制造业中发展出一种新的有机的工作单元。

图158

德绍 - 托尔滕定居区
旋转塔吊，用来搬运预制混凝土天花板托梁和钢筋混凝土梁，1927 年

图 159

▬▬ 德绍 - 托尔滕定居区

旋转塔吊，一次可搬运 5~6 根预制混凝土天花板托梁（上图、中图）
或者一根钢筋混凝土梁（底图）（humboldt-film / 柏林）

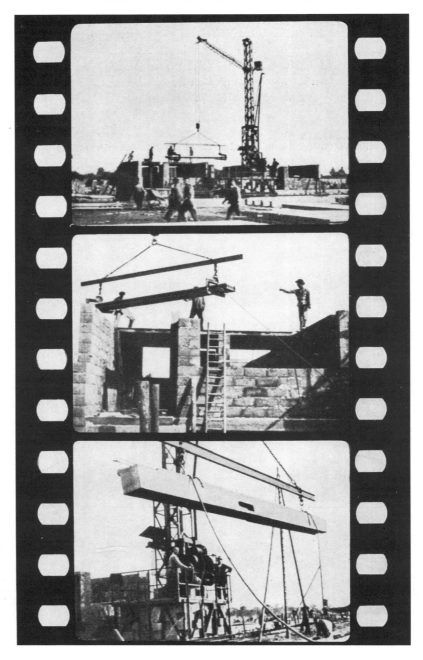

图 160

德绍 - 托尔滕定居区
旋转塔吊，搬运钢筋混凝土辅助支撑梁
（humboldt-film / 柏林）

图 161

德绍 - 托尔滕定居区

旋转塔吊，安装底层的承重托梁，1928 年

图 162

德绍 - 托尔滕定居区

1927 年户型，加建非承重墙之前的结构体系（面向街道一侧）

新的建造技术的最大特点就是墙体的功能不再是围合建筑物，即不再像以前的砖瓦房那样，整个墙体必须作为房屋的承重部分，现在整座建筑的承重放在了由钢或混凝土制成的支撑骨架上，并通过使用钢和混凝土等更高质量的材料来减小承重物的体量，这样一来，支撑框架之间的墙体只是用来抵御天气的冷热变化影响和噪声的干扰。为了能够最大限度地减轻这些仅仅用来围合房间的非承重墙体的重量和减小运输时的体量，可以采用更轻薄的建造单元和更高质量的材料，比如轻质混凝土。

就像现代建筑材料已经逐渐成形，而且在性能上也得到了更大的提升，施工的方法也将相应地向现代社会的经济方法靠拢。目标是将建筑的结构分解成不同的部件，而这些部件不再在施工现场生产，而是在固定的车间里用机器批量生产，这样一来各种部件就可以在施工现场以可变组合的方式，也就是通过大型模数体系的干法装配，快速组装成大型建筑组件，而且可以在任何季节和天气状况下进行。

图 163

德绍 - 托尔滕定居区

1927 年户型，加建非承重墙之前的结构体系（右侧，面向花园一侧）

图 164

德绍 - 托尔滕定居区

填充墙内侧铺装矿渣混凝土板，外侧铺装隔热蜂窝混凝土板，同时，方形混凝土框架用来固定楼梯玻璃，1927 年至 1928 年施工阶段

图 165

德绍 - 托尔滕定居区

粉刷前，安装水磨石窗台，1928 年施工阶段

图 166

██████ 德绍 - 托尔滕定居区

在填充非承重墙之前悬挂钢窗框和钢门框

毫无疑问，如果可以不考虑经济上的问题，那么对于大多数人来说，自带花园的独户住房，即使花费更多些、打理起来更难些，对于居住者的家庭生活而言，它也能带来实质意义上的价值，这点对于孩子们来说尤其如此。因此，凡是真正需要独立住房的地方，就必须鼓励有计划地建造这种形式的住房，哪怕在经济上建造这种住房要比公寓楼花费更多。当然，公寓楼在经过新的改良之后，仍能在城市地区保持自身的价值。

图 167

▬ 德绍 - 托尔滕定居区
连排住房后面的阳台和花园，1927 年

图 168

德绍 - 托尔滕定居区

连排住房后面的阳台和工作场所，1926 年

图 169

德绍 - 托尔滕定居区

客厅，大批量生产的廉价家具，1926 年

椅子：马塞尔·布劳耶

图 170

德绍 - 托尔滕定居区

入口，钢框门，玻璃砖

图 171

德绍 - 托尔滕定居区
厨房及相关设备，1926 年

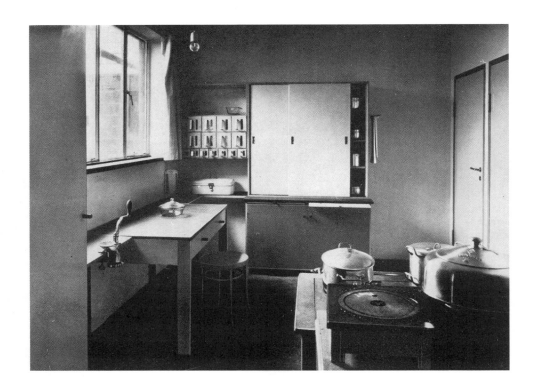

图172

███ 德绍 - 托尔滕定居区

带洗涤区域的厨房，白色水磨石洗脸盆和浴缸，共用的旋转水龙头，
浴缸上方有一个工作台面，安装有容克斯燃气热水器

图 173

德绍 - 托尔滕定居区
1927 年户型住房

图 174

德绍 - 托尔滕定居区
1927 年户型住房

图 175

德绍 - 托尔滕定居区
1927 年户型改良版住房，1928 年施工阶段

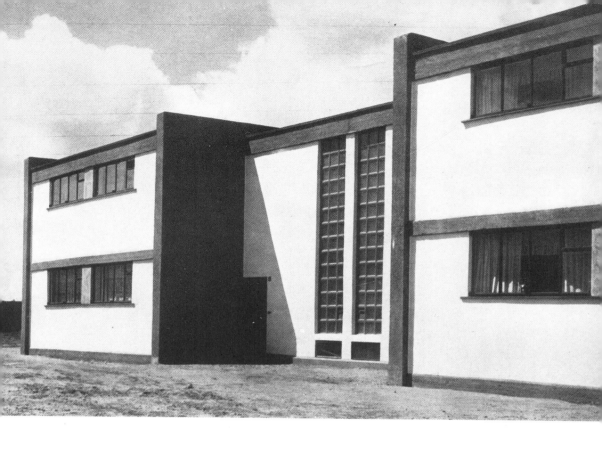

图 176

德绍 - 托尔滕定居区
1927 年户型住房

图 177

德绍 - 托尔滕定居区
1927 年户型住房，面向花园一侧

真正意义上的传统，并不是建立在任性的、自私的意志之上，而是凭借共同的、能够满足许多人需求的标准，这种标准有着丰富的内涵和极高的质量。只有使用崭新的、强有力的技术手段，才能实现这种内涵的丰富性，也只有通过不断重复，才能证明这种投入是值得的。

如果想要使之经受住时间的考验，并得以持续下去，那么构想标准化的类型就需要最为强烈也最为基进的工作，必须对一个对象及其生产的问题展开细致而深入的思考，直到最后一个细节，还需要长远的思考，这样它才有可能成为传统的标准，因为，只有更好才是好的敌人。

图178

■■■■■■ 德绍 - 托尔滕定居区
1928 年户型住房，面向花园一侧有谷仓的扩建区和鸡圈

我们在住宅问题上的杂乱无章表明我们对今时今日适合人类的住宅
理念是模糊不清的。文明国家的大多数公民都有着相似的居住和生
活需求，因此，人类住房是一个涉及大众需求的问题。就像今天，
有 90% 的人不再考虑量身定制的鞋子，而是购买现成的产品，由于
生产方式的改进，这些产品完全可以满足大多数人的需求，同样，
将来个人也可以从库房中订购到他们想要的住房。那么整个建筑业
需要向工业化方向发展的话，就必须进行根本性的重组，这是得出
现代解决方案的最为重要的条件。要实现这一重组，必须同时从三
个不同的方面出发：宏观经济组织、技术，以及创造性，这三个方
面是相互依存的，只有这三个方面同时有所行动，才有可能取得成功。

图 179

███████ 德绍 - 托尔滕定居区
1928 年户型住房

图180

德绍 - 托尔滕定居区
1928 年户型住房，入口侧

在不久的将来，设备齐全、现成可用的住房将会成为这一行业的主
要产品，但是解决这一综合问题需要国家和地方当局、专业人士和
消费者采取坚决的联手行动。大型的建筑商组织、国家、地方政府，
以及主要的工业参与者，都有责任为房屋生产之前必要的试验提供
资金：由公共资金支持的公共实验场地对此至关重要。这就像工业
生产中对每一件物品进行大规模生产之前，都要进行无数次系统的
准备试验，直到找出"标准型"一样，标准化建造部件的生产也需
要经济、工业和艺术各方面的力量共同合作，并投入到系统的实验
中去。

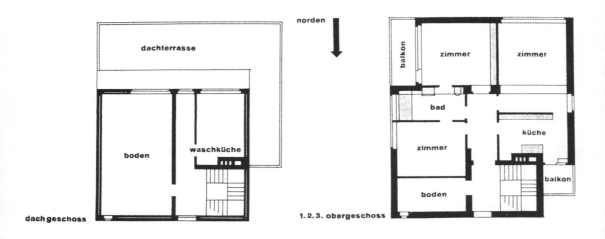

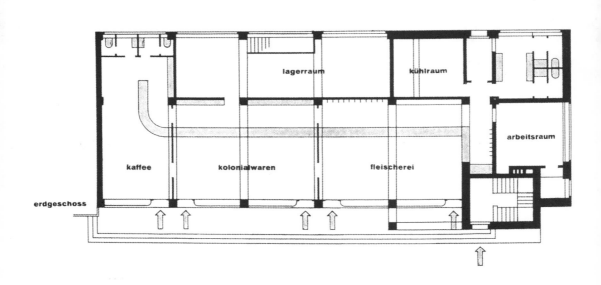

图 181~ 图 183

■■■■ 德绍 - 托尔滕定居区

服务于德绍和附近地区的合作社大楼的底层和上层平面图

dachgeschoss 阁楼层 / boden 储藏 / waschküche 洗衣房 / dachterrasse 屋顶露台

1.2.3obergeschoss 多层平面 / zimmer 房间 / küche 厨房 / bad 浴室 / balkon 阳台

erdgeschoss 底层平面 / kaffee 咖啡馆 / kolonialwaren 土产杂货 / fleischerei 肉铺 / arbeitsraum 工作间 / lagerraum 储藏室 /

kühlraum 冷藏室

图 184

德绍 - 托尔滕定居区

服务于德绍和附近地区的合作社大楼的南向视角

图 185

德绍 - 托尔滕定居区
服务于德绍和附近地区的合作社大楼的北向视角

图186

德绍 - 托尔滕定居区

住区中心，服务于德绍和附近地区的合作社大楼的东向视角

合理化这一理念已经成为文明世界的一场伟大的智识运动，它从各国人民的经济活动出发，改变了人们对生活的态度，激发了新的创造力。

这一理念的深刻性在于，它将个体的经济行为与整体的利益联系起来，超越个体或单个公司的经济盈利概念。这种对"合理化"理念的扩展解释——比率（ratio）——触及人类的共同利益，也成为现代建造概念的基础。因为人的居所，生命的栖息地，街道和城市这一更大的社群结构的细胞，是复杂的元素，它功能多样，只有通过更高层次的理性的力量才能结合在一起，并形成一个统一体。

如果认为建筑业合理化的目的仅仅是经济上的，而不是从社会的角度去改善现有的建筑生产，那就大错特错了。合理化并不是机械的命令！无论如何，我们绝不能为了合理化而忘记创造性！

德绍劳务所

1928/1929 年建成

建筑师：格罗皮乌斯

就业安置

工业界致力于使商品的生产合理化，这意味着劳动力市场总要面对失业的问题。第一次世界大战后，为了能够加快劳动力的周转和供求，国家接管了就业安置工作。

劳务所大楼

那些临时用来充当劳动力交流场所的建筑物很快被证明不太适用。因此，必须为这类建筑物创造一种新的类型。德绍市在这方面采取了主动行动，在 1927 年组织了一次半封闭的邀标竞赛，目的是建造一座劳务所大楼。

我的设计方案被选中，大楼于 1928 年 5 月开工，1929 年 6 月投入使用。

设计任务

设计任务的核心在于找到一种平面布局的类型（见图 188），用以满足这种新型建筑的特定要求，也就是由尽可能少的公务员处理尽可能多的来自不同领域的求职者的就业安置事务。针对这一要求，建筑平面采用了半圆形，这样一来就可以根据各种职业组别划分出不同的区域，并在外圈布置大型的等候空间，而个人的咨询室则放在等候空间后面。这一解决方案的另一个优点是，可以通过移动室内的隔墙，满足男女咨询室不同的空间需求。半圆形的形状意味着室内房间的采光问题可以借助同心圆布置的棚顶来解决，通过安装机械通风系统，棚顶天窗的主要功能仅限于采光（见图 194）。

与半圆形单层建筑物相邻的两层高的行政楼，不对公众开放。

实施

单层的建筑物为钢架结构。外墙覆以浅色的面砖，行政楼的平屋顶是用沥青砾石屋顶覆在软木基层上，所有的窗户由钢构件制成。公共区域的墙面覆以釉面砖，室内和行政区域的地面用的是天然色的石板，等候空间的地面是带黄铜条的水磨石地板。包豪斯木工工坊提供了家具，包豪斯金属工坊提供了照明设备，包豪斯壁画系负责了所有房间的色彩设计。建筑物占地面积 1555 平方米，建筑空间 7461 立方米，包括所有的附加费用在内，建造成本总计 297 950 马克，即每立方米约 39.9 马克。

图 187

德绍劳务所

西北向视角，为不同职业人员设定的入口位于外围，屋顶斜面上的天窗采用无胶黏合的
顶棚玻璃

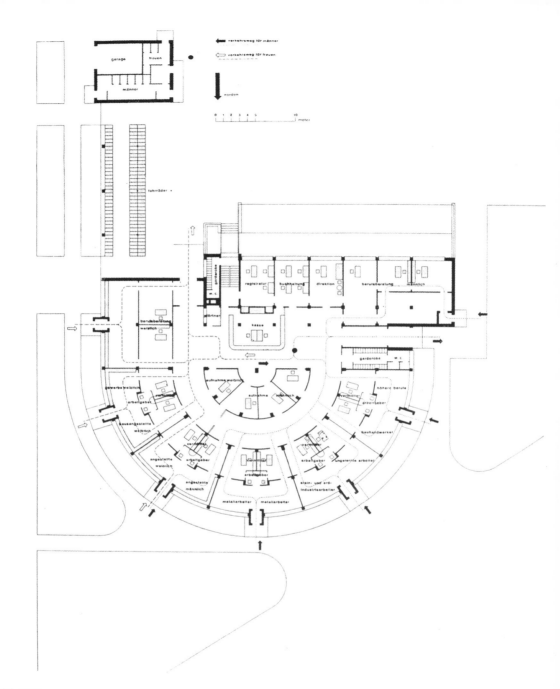

图 188

■■■■ 德绍劳务所

底层平面图，该层布置了主要设施，以避免楼梯上发生拥挤情况

verkehrsweg für männer 男性进出流线 / verkehrsweg für frauen 女性进出流线

gewerbe weiblich 职业女性 / hausangestellte weiblich 家政女性 / angestellte 求职 / metallarbeiter 金属技工 / stein und erd industrie arbeiter 石工和挖掘工 / ungelernte arbeiter 非技术工 / bauhandwerker 建造工人 höhere beruie 高级职业

vermittler 调解员 / arbeitgeber 雇主 / arfnahme 登记员 / kasse 收费台 / registratur 登记 / buchhaltung 会计 / direktion 经理 / berufsberatung 职业咨询

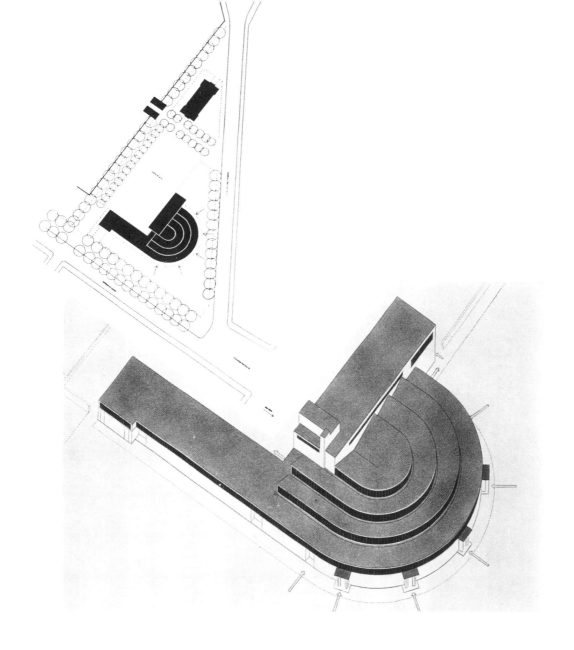

图 189

██ 德绍劳务所

总平面图

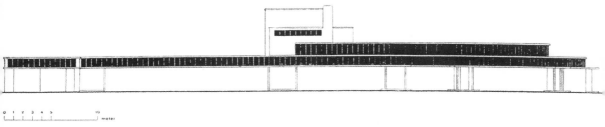

图 190

▬▬▬ 德绍劳务所

东立面图

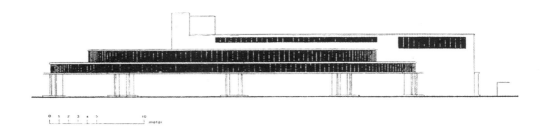

图 191

▬▬▬ 德绍劳务所

北立面图

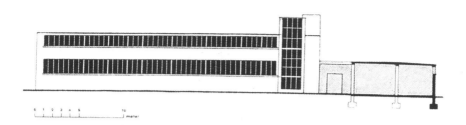

图 192

德绍劳务所

南立面图

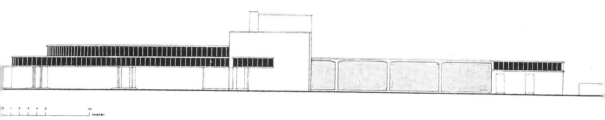

图 193

德绍劳务所

西立面图

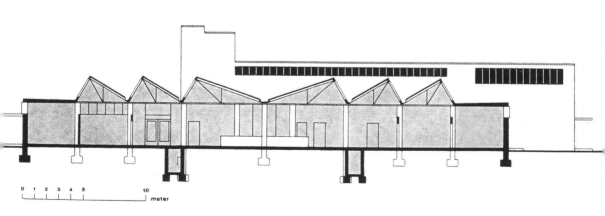

图 194

德绍劳务所

穿过棚屋的东西向剖面图

图 195

德绍劳务所
半圆形棚屋的钢骨架

图 196

██ 德绍劳务所

半圆形棚屋的钢骨架，组装檩条

图 197

德绍劳务所
棚屋中央的收费服务台

图 198

德绍劳务所

棚屋核心区的中心柱，右侧是收费服务台

图 199

德绍劳务所
棚屋的内部走道
墙体：白色釉面砖
吊顶天花：凹槽玻璃

图 200

德绍劳务所
棚屋核心区的中心柱

图 201

████ 德绍劳务所
行政楼的西南向视角，背景是自行车棚和厕所

图 202

德绍劳务所

行政楼和楼梯间的南向视角，右侧是女性求职者出口

图 203

德绍劳务所

棚屋的北向视角，外围是各个不同职业的入口

建筑师这一职业的目标是作为一位组织者去统合，从生活的社会理念出发，即以符合社群利益的理念，收集所有建造方面的科学、技术、经济和设计问题，并与众多的专家和工人合作，有计划地将这些问题合并成统一的工作。

图录

█████████ **德绍包豪斯校舍**

德绍 - 托尔滕定居区

德绍劳务所

德绍包豪斯建筑 - 补遗

1930 年，瓦尔特·格罗皮乌斯出版了"包豪斯丛书"的第十二册，书名叫作《德绍包豪斯建筑》。不过，不要因为这个标题就把这本书当作包豪斯在德绍所有的建造活动的全面记录。其实这本书是格罗皮乌斯这位包豪斯的创始人不断努力按照更偏重于他自己的方式去影响史学的一个例子。

尽管 1928 年格罗皮乌斯就已经离开了包豪斯，但他仍旧与同样离职的包豪斯大师拉兹洛·莫霍利-纳吉一起继续出版"包豪斯丛书"。他从德绍包豪斯建筑的成果中略去了其他一些包豪斯人的作品，如理查德·鲍立克、格奥尔格·穆赫和卡尔·菲格尔的作品。此外，还有汉内斯·迈耶、路德维希·密斯·范德罗和弗里德里希·卡尔·恩格曼的建筑也无法收录进去，因为那些是在 1929 年这本书完成之后才建成的。

值得庆幸的是，这套丛书中文版的主编此次决定超出原书的范围，将包豪斯其他建筑师的重要建筑物和项目的信息增补进来。所以我在这里有必要先大体地做个概述，这样能够更为准确地介绍这些项目。

在瓦尔特·格罗皮乌斯最为看重的德绍-托尔滕定居区的项目中，我们可以发现另外三位包豪斯建筑师的作品：格奥尔格·穆赫和理查德·鲍立克设计的钢屋（1927年），还有卡尔·菲格尔建造的私宅（1927 年）。卡尔·菲格尔除了在格罗皮乌斯的事务所工作之外，还是一位独立建筑师，并在包豪斯教技术绘图的课程。他自己还赢得了位于易北河畔的德绍游客餐厅（Kornhaus）的设计竞赛，并在 1929—1930 年完成了这个项目。理查德·鲍立克作为一名个体建筑师在包豪斯附近建成了两栋私人住宅（1928 年），还有德绍南定居区的七幢板楼建筑（1930—1931 年），那是德绍 - 托尔滕定居区扩建规划中的一部分。这一扩建项目是在汉内斯·迈耶这位包豪斯校长的任期内，由包豪斯的教师路德维希·希尔伯塞默设计完成的。包豪斯在 1930 年建成了整个扩建规划中的五组片区。包豪斯的教师弗里德里希·卡尔·恩格曼那时也在包豪斯校舍附近建造了自己的住宅（1930 年）。

到了包豪斯第三任校长密斯·范德罗时，要面对的是日益严重的经济衰退，所以他只在德绍包豪斯大师住宅群里完成了一个小酒屋。

除了以上提到的建筑物之外，德绍包豪斯还在 1926 年到 1930 年完成了一系列的室内设计，这些项目主要是受德绍市的委托，用作市政设施，其中包括旅游办公室、博物馆、图书馆、游泳池和咖啡馆。

另外，包豪斯（1925—1932 年）还在德绍以外建成了两座建筑：艾菲尔的诺尔登之家（1928 年），那是一位医生的私人住宅，以及柏林东郊伯瑙的 ADGB 工会学校（1928—1930 年）。

还有两组住宅建筑最终没能实现，不过从概念上来看它们也相当重要。一组是马塞尔·布劳耶的竹屋（1927 年），另一组是四位包豪斯人为德绍 - 托尔滕设计的样板屋（1930 年）。

以下补遗的内容并不包括德绍以外的建筑，以及私人项目和室内设计，但收录了一些令人感兴趣的未能完全实现的规划。

菲利普·奥斯瓦尔特

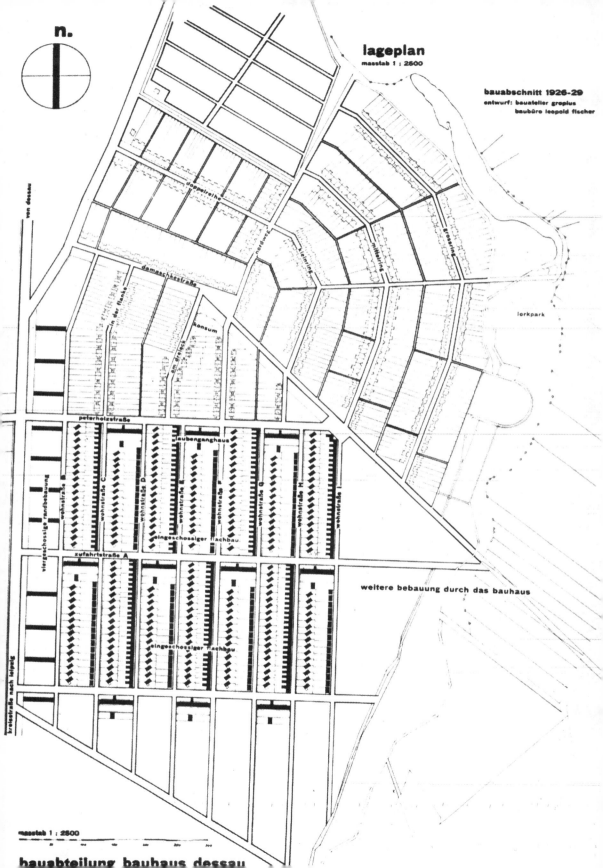

德绍南定居区，1928—1930 年

在汉内斯·迈耶担任校长期间，德绍市与德绍建筑和储蓄合作社委托德绍包豪斯建筑系制定了一项扩建德绍 - 托尔滕定居区的计划。

这一城市规划的概念可以追溯到包豪斯教师路德维希·希尔伯塞默提出的混合建筑的构想：多层出租的公寓与占地面积不到 300 平方米的单层独立住宅相结合。一方面，这种结合的目标是社会的混合：为家庭提供带花园的低层建筑，为单身人士和无子女的夫妇提供多层公寓。多层建筑可以使人俯瞰独立住宅的花园景观，而独立住宅能使人享受到定居区提供的社会基础设施。另一方面，大型建筑可以实现高效的城市空间开发，给整个定居区提供传统的独立住宅所没有的视觉上的结构。这种智慧的组合方式，既可以让单户的独立住宅实现城市的密度，也大大地精简了公共基础设施的布置。

德绍南定居区有 500 多户独立住宅和 400 多户公寓。

住宅总共有三种类型：经典的矩形联排别墅，L 形联排别墅，能确保花园的隐私性，还有"之"字形联排别墅，这种别墅不仅可以形成私人的户外空间，同时也可以形成更具可塑性的城市规划的整体形态。

片区的端部还有 10 幢带外廊的三层板楼建筑，每幢楼有 18 户公寓。在定居区的西侧地块上，另有 7 幢四层板楼建筑（原规划图上有 11 幢），每幢由四组双户楼拼合在一起。

补图 01

德绍南定居区
总平面图

1930 年，德绍包豪斯建成了其中的 5 组片区，1930—1931 年，理查德·鲍立克建成了 7 幢四层板楼建筑。由于彼时德国经济和政治的危机日益严重，这一刚建好的定居区留下的只是一些未完成的空壳。

1936 年，包豪斯设计的低层建筑被新传统风格的独立住宅组成的容克定居区取代。而早在 1933—1934 年，纳粹政权就已经用鞍状的屋顶改建了 7 幢板楼建筑。

补图 02

德绍南定居区
7 幢四层板楼建筑
理查德·鲍立克设计

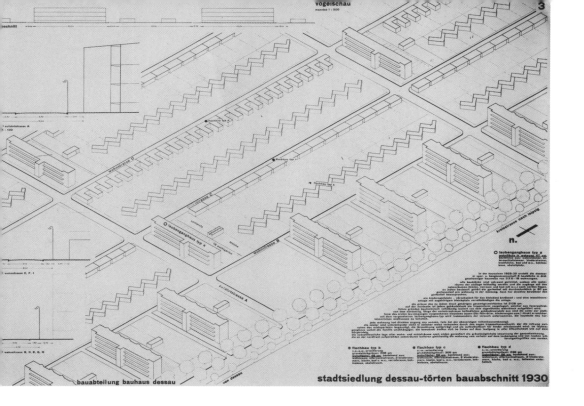

补图 03

德绍南定居区
轴测图

补图 04

▆▆▆ 德绍南定居区
7 幢板楼建筑的东南向视角

补图 05

———— 德绍南定居区

7 幢板楼建筑的西向视角

外廊公寓楼，1928—1930 年

1928 年春，非营利组织德绍建筑和储蓄合作社委托由汉内斯·迈耶负责的德绍包豪斯建筑系制定扩建德绍-托尔滕定居区的规划。直到 1930 年 1 月项目资金到位之后，双方才签订了实际的建造合同。六个月后，这一建筑完工并投入使用。

在包豪斯教师的指导下，学生们在包豪斯课程内完成了定居区的扩建规划方案。建筑设计由汉内斯·迈耶、路德维希·希尔伯塞默和阿尔卡·鲁德尔特监督，而其他包括家具在内的设计则由阿尔弗雷德·阿恩特和爱德华·海伯格负责。

这幢砖墙的板楼呈南北向排列。每层有 6 户公寓，每户 47 平方米，分为 2 个或 3 个房间，还有厨房、浴室和门厅。客厅朝南，服务间朝北。公寓的基本概念已经证明了它自身的价值，一直到现在整幢建筑几乎都没有任何的改变。当时安装的技术设备已经非常现代和实用，包括现代化的工作厨房、中央供暖、燃气加热器、浴缸、垃圾点和无线电天线。每户公寓靠街道的北侧近主入口处安排了放自行车的空间，南侧自带一个小花园，侧边是带游乐场地和洗衣房的公共花园。大型的玻璃楼梯间位于建筑物的前方，面向北侧的街道，且没有加热设备。这样可以降低建造和运营成本，同时也赋予了整幢建筑以雕塑的形态。

补图 06

▬▬▬ 德绍南定居区
外廊公寓楼的西北向视角

补图 07

德绍南定居区
外廊公寓楼的北立面

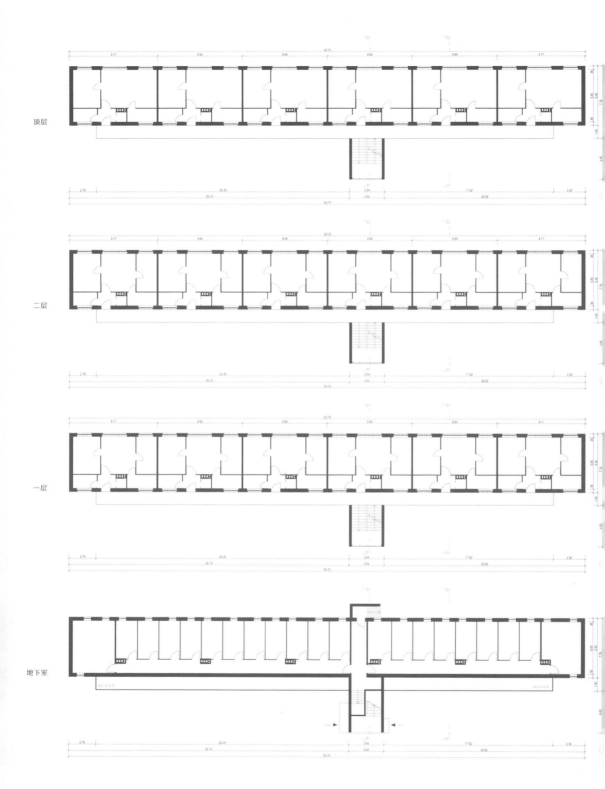

顶层

二层

一层

地下室

补图 09

德绍南定居区
外廊公寓楼的各层平面图

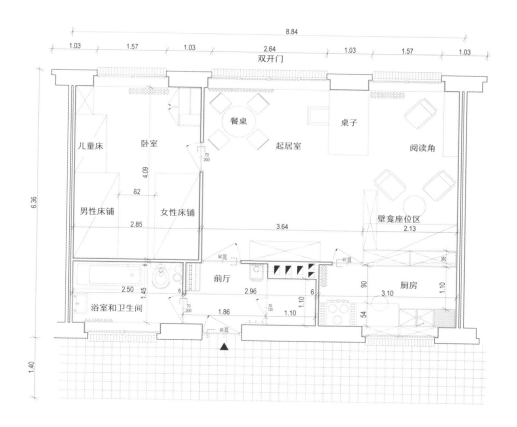

补图 10

德绍南定居区
外廊公寓楼的顶层户型平面图
注：补遗本重绘了部分图纸

补图 11

▬▬▬ 德绍南定居区
外廊公寓楼的外廊

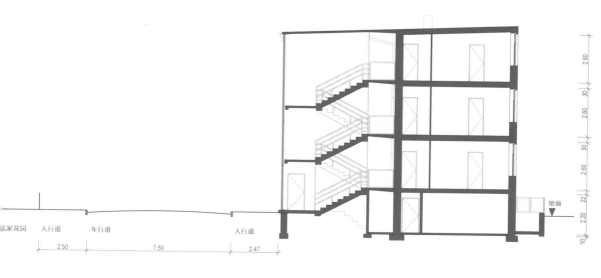

补图 12

![黑色图例] 德绍南定居区
经过楼梯间的外廊公寓楼剖面图

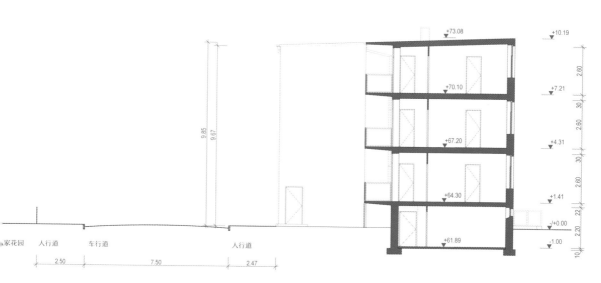

补图 13

![黑色图例] 德绍南定居区
外廊公寓楼剖面图

补图 14

▬▬▬ 德绍南定居区
外廊公寓楼的北向视角

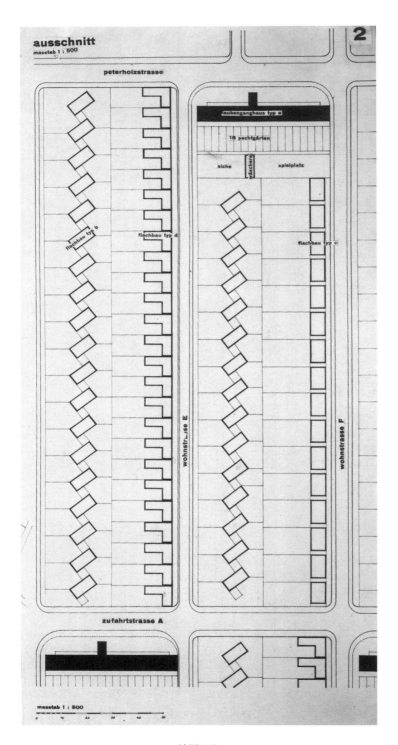

補图 16
德绍南定居区
片区平面图

样板屋，1930 年

针对 500 多户的低层建筑，原先想要建造四栋样板屋，用来测试不同平面的解决方案和建造结构。在包豪斯以西 500 米的松树林，规划了一片约 2000 平方米的地块作为建造场地。

样板屋分别由包豪斯教师路德维希·希尔伯塞默、爱德华·海伯格和汉内斯·迈耶设计，还有一栋是包豪斯学生恩斯特·戈尔设计的。每栋建筑的居住面积在 47 至 67 平方米之间，其中两栋由木材建造，另外两栋由砖建造。此外，还计划在扩建过程中测试各种现代的材料和施工技术。

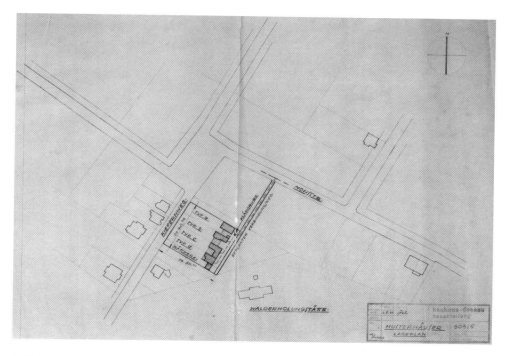

补图 17

德绍南定居区
样板屋总平面图

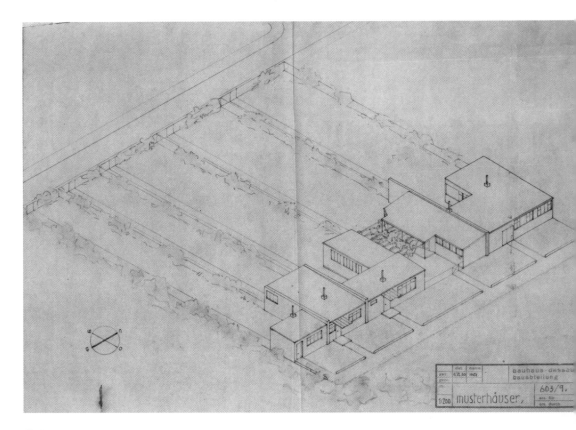

补图 18

德绍南定居区
样板屋轴测图

1930 年 6 月，包豪斯教师爱德华·海伯格向德绍市政府提交了一份建造申请，但之后不到两个月，校长汉内斯·迈耶就被解雇了，海伯格也辞职了。在路德维希·密斯·范德罗的任期内，这个项目没能继续下去。不过，路德维希·希尔伯塞默在 1932 年的柏林展出中实现了自己的设计方案，建造了临时展出的建筑。

补图 19

德绍南定居区
样板屋方案的临时展出建筑，1932

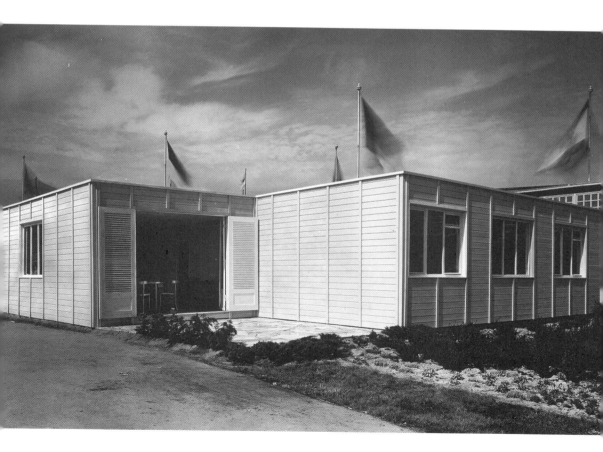

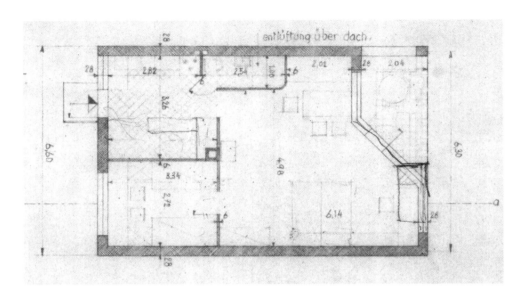

补图 20

德绍南定居区
样板屋的底层平面图

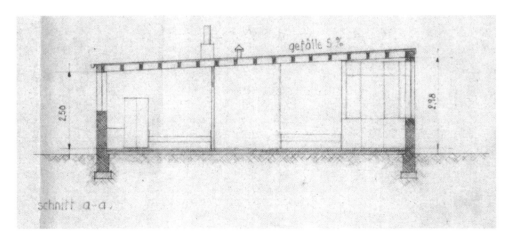

补图 21

德绍南定居区
样板屋的剖面图

补图 22

德绍南定居区
样板屋室内

钢屋，1927 年

这栋钢屋位于托尔滕定居区的北部，是与托尔滕定居区施工第一期同时为德绍市建造的，1927 年春天完工。建造这座实验屋的目的是收集使用钢材这一新的建筑材料的经验。然而，由于缺乏资金，原本设想的可扩展性不得不放弃。

这栋 90 平方米的单层建筑由包括支架、墙板等在内的预制模块建造在钢筋混凝土底板上。它由两个不同大小的、重叠的立方体组成。较高但较小的立方体内布置的是客厅和卧室，而较低的立方体则包含其他房间。门窗都很高。立面的围合部分由内部绝缘的金属板组成，在一些地方还嵌入了圆形的隆起状窗户。建筑采用了灰色、白色和黑色，这是为了有意避免包豪斯通常的配色方案。

这栋建筑因为有很多的公开发表所以受到人们的关注，其中还包括由鲍立克构思并制作的系列电影《我们如何健康和经济地生活》。

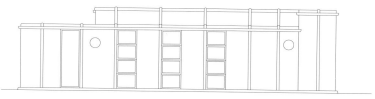

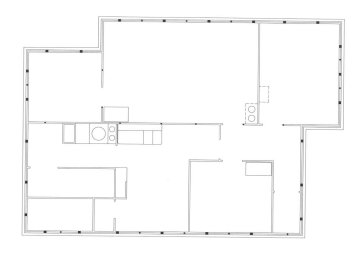

补图 23

■■■■ 钢屋

竹屋，1927 年

格罗皮乌斯的大师住宅只考虑到了包豪斯的老大师们，而之前的包豪斯学生，后来被新任命的青年大师——约瑟夫·阿尔伯斯、赫尔伯特·拜耶、马塞尔·布劳耶、辛涅克·舍珀、尤斯特·施密特和根塔·斯托尔策，并没有被考虑在内。马塞尔·布劳耶对此提出了抗议，并最终说服格罗皮乌斯为年轻的大师们建造一个小型的居住片区，他甚至还成功地获得了国家建筑与住房研究中心的资金，作为建造的费用。但是格罗皮乌斯不久后就把这笔钱用来填补他在德绍-托尔滕定居区造成的赤字，因此这一方案无法实现了。

1927 年夏天，布劳耶已经设计了几栋预制钢骨架的两层住宅。场地位于包豪斯校舍的西侧，面对着著名的工作室楼一翼的玻璃幕墙。
在最初的设计方案中，建筑由两个相互邻接的立方体组成，一个作为生活区，另一个作为工作室，两个区域的内部可以通过轻质隔板或帘子自由划分。而后续两个方案围合的盒子正面是玻璃，被抬高的工作室盒子可以从精心设计的户外楼梯进入。这个概念与之后看到的两个设计方案是不同的。

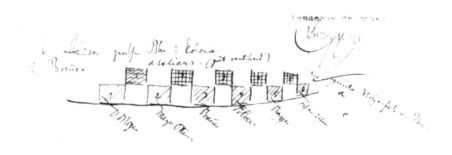

补图 24

竹屋
场地草图，奥斯卡·施莱默在给根塔·斯托尔策的信中的手绘，1927 年夏天

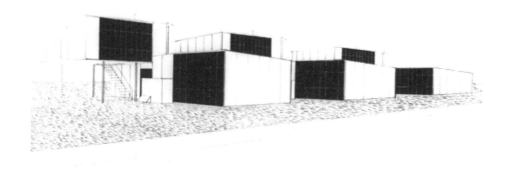

补图 25

竹屋

方案 1 透视图，1927

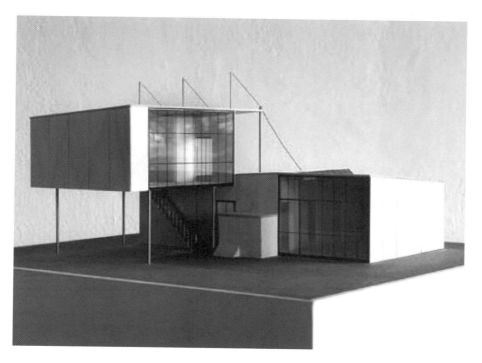

补图 26

竹屋

方案 1 模型，1927

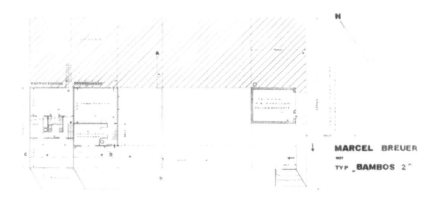

MARCEL BREUER
1927
TYP „BAMBOS 2"

补图 27

竹屋

方案 2，1927

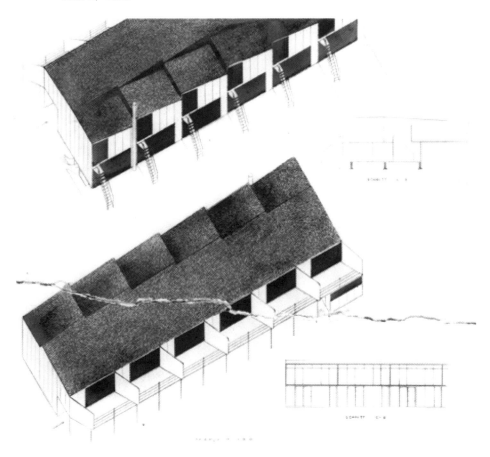

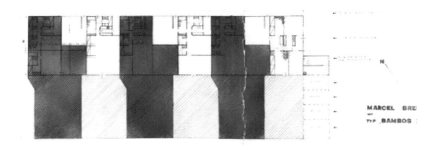

补图 28

![竹屋] 竹屋

方案 3，1927

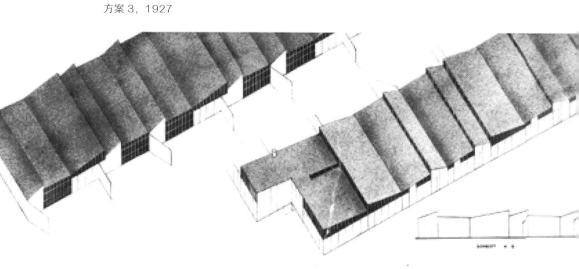

布劳耶的项目资金告吹后，马塞尔·布劳耶于 1928 年初辞去了包豪斯的工作，去柏林开始了自己的职业生涯。

补图 29

■■■■■ 酒屋

街道视角

酒屋，1932 年

20 世纪 30 年代初，企业家阿道夫·施纳肯伯格想在德绍 - 齐比格克的十字路口建了一个酒屋。它是由密斯·范德罗于 1932 年设计的，在德绍包豪斯关闭前不久完工。

这一酒屋位于大师住宅中的校长独立住宅的东端。瓦尔特·格罗皮乌斯用两米高的花园墙让自己免受视线的影响，同时又将大师住宅与城市的十字路口联结成一个整体。

方案设计的并不是一个普通的亭子，而是将原本的一堵墙激活了：从外侧看过去，它只是在墙上打开了一个带顶的窗洞，但是从内侧校长家的花园来看，几乎就看不到它。所以这种处理相当微妙，密斯以此成功地扭转了墙的排斥性和精英主义特征。

加了这个酒屋之后，街道空间也变得活跃起来，成为城市的要素。与此同时，尽管这种做法相当简单，但我们可以把它理解为对弗里德里希·威廉·冯·厄德曼斯多夫 1780 年左右在乔治花园设计的罗马亭的当代回应。

酒屋并不是混凝土结构的，这与人们从它的外观上感受到的正相反，格罗皮乌斯用的是白色抹灰的砖墙。酒屋的悬臂屋顶是大面积抹灰的钢结构，内部有木制衬里。开口处的推拉玻璃窗分成两部分，可以隐藏到窗框两侧的槽中。为了能将酒屋整合到墙里，室内净高度仅两米。

1962 年，包括酒屋在内的墙都被拆除了。作为柏林 BFM（Bruno Fioretti Marquez Architekten）事务所重建格罗皮乌斯 / 莫霍利大师住宅项目的一部分，包括酒屋在内的墙也在 2010/2014 年重建。

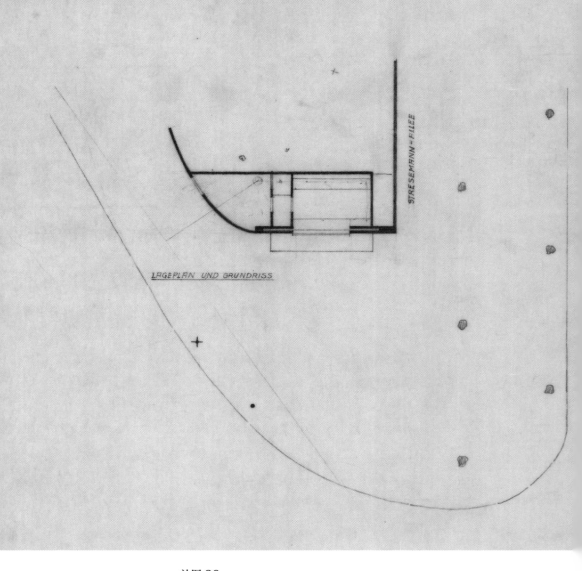

TRINKHALLE   M: 1:100

STRESEMANN-ALLEE

LAGEPLAN UND GRUNDRISS

补图 30

■■■■ 酒屋

平面图

补图 31

▆▆▆▆▆ 酒屋

立面图

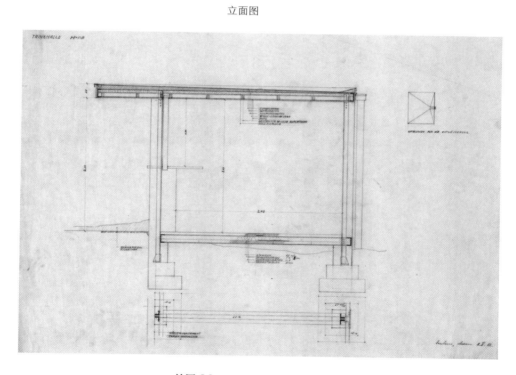

补图 32

▆▆▆▆▆ 酒屋

剖面图

补图 33

▬▬▬▬ 重建的大师住宅
东北向视角

1933 年后的变化

德绍包豪斯的建筑已经有 100 年的历史了，在这段时间里，一些建筑经历了巨大的变化，包括改建、拆除和重建，也有部分建筑基本保持不变，只进行了修缮。

格罗皮乌斯设计的德绍 - 托尔滕定居区的住宅最先经历了变化。住户对窗户的设计并不满意，于是，他们将客厅的窗户改高了些，这样一来就可以看到风景了。在德绍劳务所的正立面上，有一些办公室原本只能靠天窗照明，后来也增加了窗户。
纳粹政权所做的改动相对较小，最显著的变化是理查德·鲍立克在德绍南定居区的板楼被添加了屋顶。不过相比而言，战争带来的破坏更为巨大。校长和莫霍利的大师住宅被炸弹摧毁了，包豪斯校舍和其他建筑也遭受到了严重的破坏，尤其是大面积的玻璃幕墙几乎完全被毁坏了。

在德意志民主共和国的早期，包豪斯并不受欢迎，直到 20 世纪 60 年代才开始受到重视。包豪斯校舍由于战争的破坏而面目全非，1976 年对它进行了重建，从而恢复了原先的样子。包豪斯的建筑逐渐开始被列入了遗产名录。1996 年，瓦尔特·格罗皮乌斯的包豪斯校舍和大师住宅被联合国教科文组织列为世界遗产，2017 年，德绍 - 托尔滕的定居区和汉内斯·迈耶的 ADGB 工会学校也被列入世界遗产名录。

在这种大背景下，包豪斯校舍在 1996 年至 2006 年，进行了第二次更为精准的历史性修复。而大师住宅的状况相当糟糕，1945 年后被私人住户大幅改建，1993 年至 2002 年又进行了翻新和重建。2006 年，充满矛盾和冲突的计划开始了，着手重建被战争破坏的大师住宅，最终在 2014 年由柏林 BFM 事务所设计完成。
在过去的几年里，这些建筑为了满足新的当代需求又进行了现代化的改造。截至 2018 年 5 月，该地区有 22 栋房屋，其中 5 栋已被拆除。

补图 34

重建的大师住宅
西向视角

补图 35

重建的大师住宅
室内

走向更为一般意义的建造

我们眼前的这本图册，出版于 20 世纪的 20 年代末，资本主义世界即将迎来一场灾难深重的经济危机，这场危机将影响到之后世界格局的巨变，而这一巨变最终也改变了包豪斯和许多包豪斯人的命运。让我们回到这本图册出版的那一刻，一切尚未发生。那一刻，距包豪斯创建于魏玛的 1919 年，已经过去了将近十年的光景。那一刻，距包豪斯从魏玛整体迁往德绍的 1925 年，只有四年左右的时间。不过，也正是在这短短的四年里，包豪斯魏玛时期的理念不止于 1923 年的大展，而是得到了前所未有的机会，大展身手。除了自身策略上的调整，使得包豪斯与社会企业之间的合作步入正轨之外，这还要归功于德绍这座快速发展的新兴工业城市在各方面给予的支持，其中也包括包豪斯从原先的国立改制成了市立的大学。事后来看，这是包豪斯与德绍，一所学校与一座城市双向选择所能促成的最好的结果。

放眼一战之后整个德国经济恢复的困难时局，收录在这本图册中的四个建造案例，还得益于他们共同抓住了道威斯计划打开的一线生机，一个对于包豪斯的发展而言的黄金窗口期。包豪斯创建时宣言中曾经允诺过的"一切创造活动的终极目标，完整的建造"，终于幸运地有了这些建造量更大的项目，尽管数量上不算多，但类型上却比以往更多样：从德绍包豪斯的校舍，创造者的家园，到包豪斯大师住宅，独立的私人领地，从德绍 - 托尔滕定居区，城乡之间的社群，到德绍劳务所，公共事业的办公厅……四个案例几乎涵盖了不同的阶层，社会活动的各个面向。对于包豪斯颠沛流离的生存处境而言，这是最为困难的一部分。然而，为什么格罗皮乌斯在这本图册的前言中仍旧谨慎地强调，这只能算是包豪斯理念在走向它的终极目标的过程中，迈出坚实的第一步而已？

257

1

让我们把时间调回当下，再往前推五年，也就是 2019 年，全世界都在为包豪斯的百年欢庆。那一刻，人们似乎早已习惯了这种以世纪为周期的方式，来表达对一个曾经的辉煌开端的纪念。但我们都知道，事件自身发生的进程不会发生在平滑无阻的时空中，更不会与这种世纪的周期合拍，而是充满了风险与偶然。尽管 1923 年提出的"艺术与技术，新统一"这一口号，在某种程度上顺应了那个时代的大势，也引领了包豪斯前行的走向，但是如果没有上述的种种机缘，我们不知道当下包豪斯的成果又会以怎样的面貌出现。当然，历史并不需要这样的假设，不过，这种假设还是带来了某种不同的眼光：再回到将近一百年前，这本图册所记录的一切，对于包豪斯而言，只不过是为了自我正名而已，一切才刚刚开始。

那么百年之后呢？这是一段说短不短、说长不长的时间。之所以说长，那是因为对于个体而言，百年可以算是穷尽一生，到头来已无从自证；之所以说短，那是因为对于格罗皮乌斯期望实现的愿景而言，需要的时间可能远不止于此，或许一切还有待证明。他在 1954 年，也就是距今七十年前的一篇文章中曾经提到，现代建筑并不是从老树上发出的新枝，而是先移根，再换叶的过程，换言之，它将是从根上重新生长出来的。按照这种对现代主义运动的比喻，那么我们不妨说，包豪斯从魏玛到德绍只不过经历了维持生存到活转回来的过程。所以在图册的前言中，格罗皮乌斯指出，这一将创造性的工作与生活本身的关系统一起来的社会理念，它未来的"走向"要远比包豪斯初期阶段产生的"成果"更具决定性。我们不知道在格罗皮乌斯的心目中，这本图册所记录的算不算是"初期"的成果，我们也不可能知道格罗皮乌斯在经历了包豪斯的解散之后，在经历了他与瓦克斯曼合作"工厂制造住房"的企业失败之后，他认为自己这一毕生的愿景算是走到哪一步了。

我们曾经指出，包豪斯的构想之中早已蕴含着注定的失败，或者说，大失败必然内在于这一构想，以便能够将这一积极的构想带入自身的否定辩证中。我们也曾经反复强调，包豪斯的不同寻常之处，并不完全体现在那些具体的物件或者形式之中，而是在于它对任务的构划，在于它宣导的理念和方法。这些不仅适用于百年之后对包豪斯的重访，而且在当年或许也是如此。如果我们不以人的生命历程为尺度，不以个人的意志愿望计长短，那么这本将近一百年前出版的图册，离我们当下既很近又很远。

之所以说它离我们的当下很近，是因为从纸媒的角度来看，这本图册调用的技术表现手段，包括摄影、图纸、设计理念的说明相等，与我们这个时代的基本标准并没有拉开更大的距离。如果我们把时间从出版这本图册的20世纪20年代再往前推一百年，那么完全就是另外一种情况。所以这本图册的表达方式本身就意味着要与它前一个时代断裂的变革，而这种变革的结果也一直延续到了今天。我们甚至还可以看到几张鸟瞰图片摆放在了德绍包豪斯校舍系列的首要位置，考虑到这栋建筑物的周围至今仍是一片低矮的住宅群，再想想现代主义时期其他的建筑作品印在人们头脑中的无法看到屋面的经典形象，那么这种在今天看来稀松平常的鸟瞰视角，从意识上却已远超出当年其他的建筑摄影。出于同样坚定的客观化取向，这本图册也完全没有收录任何带有个人色彩的手绘草图和通常意义上的透视图。

之所以说它离我们的当下很远，则是因为历史的思维范式的变化。在这将近一百年间，人们可能已经记不清楚现代主义建筑运动被多少人批判过，被多少次宣告过死亡，这已无须一一例举。即便它不算死亡，也可以说是过气，成为了历史。从20世纪初开始，建筑学就算不是致力于根除历史，也是为了中止历史的参照，转而追求支持更为普遍化的抽象。而到了现代主义以来的第二代建筑历史学家那里，如何看待现代主义先锋派的这段历史已然成为一个棘手的问题。之于当下，这个棘手的问题还是问题吗？或者说如何再成为问题？

2

仅凭这本图册显然不足以用来判定现代主义建筑是否已死，或者用来为现代主义建筑辩护。而且它是否死亡，取决于人们眼中的这本图册提供的是更为详尽的事实，还是更有助于人们当下做出新的决断，而这又取决于这本图册被看作是历史档案，还是政治行动。

顺着格罗皮乌斯自己的定位，这本图册只是一份报告。而在很多人看来，它也只不过是同时期大量出现的历史档案之一。相较而言，这本图册又过于平铺直叙，既没有采集更多的可比案例，比如同一系列包豪斯丛书中的第一册《国际建筑》，它也无意尝试更具吸引力的带有挑动性的编排，比如稍早前的利西茨基的《某某主义》，或者勒·柯布西耶为自己编辑的全集。它之所以能够区别于同时代其他的宣传品，不只是因为它是包豪斯丛书中的一种，而是取决于它是一份怎样的报告，或者说，格罗皮乌斯为什么把它称为"一段时期"的报告？

放在当年，这份报告更想让人们看到的是它所要推广的内容，放在当下，如果只把它看作一份建成物的报告，那么仅凭它也无从改变对此感兴趣的人和对此持保留意见的人已有的判断。我们并不介意后来者在书中大量的图片之间，划出建筑、室内、产品等分门别类的界线而各取所需，但至少这本图册的创作者想要的比这些更多、更总体，就像格罗皮乌斯后来重新定义的包豪斯那样，它致力于在所有艺术创作的过程之间，找到一种新颖而有力的协作，最终使得我们的视觉环境与新的文化协调一致。而这一目标是退缩在象牙塔内的个体无法实现的。作为一个劳作的共同体，老师与学生，不得不成为现代世界活跃的介入者，探索出一种艺术与现代科技的全新综合体。因此，之于当下，更为重要的是这本图册的方式，它如何让我们看到这一全新的综合体的方式。

　　这本图册的观者能够最直截了当读取到的信息，显然是大量的包括影像截图在内的摄影图片。在那个还无法便利地利用影像视频的年代，摄影就是建成物得以广泛传播的最有效的手段。不过，格罗皮乌斯在文字并不多的前言中，仍然单开一节，用了些笔墨对全书的编排方式另做说明。在他看来，尽管摄影是无可替代的，但是囿于它本身缩小的尺度，无论如何也无法再现空间的体验，当然，这是两种不同媒介之间必然会存在的问题。同时代的评论者也察觉到了这一点，因为摄影师总是急于把照片变成好看的、有趣的。而且进一步的危险就出现在摄影师滑入艺术的时刻。由此，摄影师以及建筑师应该先问问自己，他们所设想的照片是否会形成最客观的表现。而格罗皮乌斯对这一危险的回应，就是用一张一张图片引导观者，以此勾勒出这些建筑的本质。由于建成物的体量和空间都是用来为生活服务的，那么摄影也必须透过它所拍摄的对象为表达这一生活而服务。为了能让人们获得建成物的物质实体感，摄影师应当用相机绕着建成物转一圈，再像人们在平面图纸上所做的那样，在每张照片上标明拍摄时的方向。重点不再是图片所反映的内容，以及单张的图片本身，而是围绕着建筑项目展开的图与图、图与文这一集合内在的联结。由此确立的这一建筑摄影的规范，借助这本图册的机会得以最大化地展现出来，或许它对当下的建筑影像传播仍有警示的作用。

　　如果说这本图册在图像的组织方式上不露声色，却又颇费了一番心思的话，那么更为间接隐含的、更容易被忽略的组织，则体现在图册想要传达的这些工程项目上。甚至可以说，这本图册真正的产物并不是作为作品的建成物，而是作为建筑的组织者，或者更准确地说，是作为建造工程组织者的工作本身。所以按照这本图册本身设定的格式，能够让它更具有历史价值的，是把整本图册看作一本全面的项目报告，这也是格罗皮乌斯一直以来致力于响应的他所身处的那个年代的难题：如何将建筑业这一复合型的对于人们的日常生活至关重要的行业，像大量的日常消费品那样，由手工生产的方法转向工业化。他曾经在多处反复提及一个比较案例，汽车的标准化部件革新尽管带来的是批量生产、类型生产，但这种生产方式还是能够创造出相对完美的生活工具，由此，他也确信在诸多社会问题集中体现的住房上，同样也值得尝试合理化的建造，而关键就在于如何借助各种手段减少成本并有所改进。

与包豪斯有着密切关系的同时代的建筑与艺术评论人阿道夫·贝内，在稍早些就指出如何看待当年这一流行的建筑与机器的类比。在现代主义早期，机器意味着整洁、简明、现代、优雅的形式。通常的功能主义者认为机器是移动的工具，趋近完美的有机体；功利主义者则把机器当作一种经济原则，可以节省工作、动力和时间；而真正意义上的理性主义者是标准化和类型化的代表和守护者。让我们想想同时期同样倡导建筑新理念的图册吧，就不难发现这本图册之所以要将工程上方方面面的数据，这些原本看来与新建筑的形象并无太多关联的因素——列举出来，并不是要把它当作项目的标配指标，也不只是为了整体地呈现原本事物发生的条件和走向。事实上，它切实地回应了几十年后意大利的建筑历史理论家曼弗雷德·塔夫里归结的现代建筑总问题式的转换，从原本的"建筑语言怎么让人们共同关心？怎么解释自己的寓意与象征？怎么隐喻其新秩序和新目的？"转向"建筑语言怎么与超语言学的语境和背景打通？怎么变成经济价值的手段？怎么适应实际的生产结构的需要？"。

3

最终，我们回到这份报告所记录的时期，以及在这段时期成为紧要命题的工作上。这本图册出版之际，也迎来了它自身的危机，我们不妨称之为"成也包豪斯风格，败也包豪斯风格"的这道门槛。当年将这一问题公开挑明的评论人恩斯特·卡莱，1928年接受包豪斯第二任院长汉内斯·迈耶的邀请，负责包豪斯杂志的编辑工作。他明确表示过："到处都在建造房屋，甚至整片住宅区；所有房屋都有着光滑的白墙，横排的窗户，宽敞的露台和平屋顶。公众即使不总是满怀热情地接受这些样式，但至少也不会提出反对意见，因为他们认为这就是已经耳熟能详的所谓'包豪斯风格'的产物。"如果身处百年之后的人们快速浏览这本图册，可能也会得出相似的结论。

卡莱曾经在德绍包豪斯时期开创过一小段无法被随意抹去的历史。而正是这一段经历使得后人在书写包豪斯历史时，把卡莱也当作如同汉内斯·迈耶那样难以安顿的人物。他倡导包豪斯应当是科学导向的，这与汉内斯·迈耶的原则一致。此外，他还在包豪斯的杂志和展出中，严厉地批评了所谓的"包豪斯风格"和格罗皮乌斯的教学主张。不管后世是如何评价包豪斯的，如果说到将包豪斯归结为"风格"的，正是在卡莱的这一批评中得以强化，并推而广之的。

在卡莱看来，外部的客观原因使得包豪斯早期曾经是少数外来者激烈争议的活动，现如今已经成了一桩兴隆的大生意。更为精明的商人和肆无忌惮的同行，把这个功能设计的新生儿制作成了低劣的手工艺品。而内部的主观原因在于包豪斯的作品本身不乏审美的过度追求，形式主义的危险。卡莱进一步指出，包豪斯归根结底没能在实践中彻底地贯彻"艺术与技术，新统一"这一主张，使得原本更加真诚的意图逐渐腐坏。卡莱承认包豪斯一方面确实对技术感兴趣，但另一方面它仍是以艺术为导向的。所以在策略上，必须将包豪斯风格这种模棱两可的结果推向它的极限，也就是说，向真正由工业技术演变而来的产物靠拢，最终才有可能在这些产品的设计中，让作为秩序的艺术战胜工程师。

由此可见，卡莱所追求的不只是选择路径上的科学导向，而是在这一过程中对艺术的彻底扬弃。为了这一目标，卡莱建议要像此前绘画从再现中分离那样，再来一次干净利落的分离。这是继早期包豪斯建筑与艺术统合在建造中的第一次转型之后，应当再一次提出的转型目标，也就是建筑与艺术的分道扬镳。卡莱在包豪斯十周年之际提出的改革倡议，不禁让我们联想起了日后雷纳·班纳姆对第一机械时代的设计的整体批判。同时，我们也不难理解，为什么汉内斯·迈耶会在上任之后，将科学的课程真正地引入包豪斯，不过，这一调整并不意味着通常所认为的对此前教学模型的否定。如果我们套用格罗皮乌斯的口号，或许可以代替迈耶说出，这一再次分离，同样也是再次统一，"科学与社会，新统一"。当然，这里的"科学"是阿尔都塞意义上的相对于"意识形态"的科学。

抛开之后不久发生在迈耶和格罗皮乌斯之间的争端不谈，事实上，格罗皮乌斯在本书的前言中，对这场危机也有所警醒，并明确地指出，在包豪斯所处的生存条件中，如何赋予活力，让想象与现实相互渗透，免于让"包豪斯风格"重新陷入学院的停滞状态，陷入到反生命的惰性状态。换而言之，如何免于包豪斯的死亡，或者说似安实危的状况，已经成为当时摆在他面前的难题。之于格罗皮乌斯，刚刚经历的那段黄金的窗口期，外部的条件是一段建设与发展的时期，内部的可能性是一段社群合作的时期。

然而跳出德国的特定处境，之于整个大时代，我们可以说这种建设与发展必须被看作是首先出现在十九世纪晚期的资本主义活力，已经扩大到了包括整个欧洲在内的世界体系中。正是资本主义生产方式独特的时空辩证，以及它所释放的巨大的社会和技术力量，成为这一时期出现的主要建筑思想的基础。同时代来自左翼的包括前面提到的恩斯特·卡莱在内的批评大体会指出，这种帮助人们与现代工业产品化的接轨往往只会让他们更容易屈从于资本主义的逻辑。这一所谓的时空辩证包括但不限于劳动时间的组织，价值计算，由资本购买时间，形成新的商品的方式，空间组织上的可量化，以及空间抽象化的重构和安排的过程等。

审美与技术的结合，是由现代性的危机所引发的特定的转移路线图，这一激情与冷静的构型试图将生活本身从思想危机与经济危机中解放出来。然而审美危机和技术危机只不过是整个故事的先兆，真正意义上的空间危机则涉及建造活动的生成机制，以及之后的建成环境中所蕴含的矛盾冲突，这样来看，所谓由"包豪斯风格"带来的分歧，只不过是危机转移的征兆，或者说由危机的解决方案所引发的新危机。同样的批判将再次出现在曼弗雷多·塔夫里所揭示的现代主义乌托邦的黑暗视野之中，以及像让·鲍德里亚那样的对现代设计的后现代批评之中。当然，其中也注定蕴含着建筑师的使命如何成为时代宿命的必然，而这本图册也可以被看作是相反的主张，它也揭示出了如何将这种宿命转化为使命的自由。恰恰是从践行这一自由的角度来看，自由无关机缘，而意味着真正意义上的困境。如果对于当年的包豪斯，生存，还是活转，这已经是个问题，那么当下，对整个建筑现代主义的发明及其历史而言，生存，还是活转，这仍旧是个问题。

4

作为历史档案，这本图册显然无法回应这后一个问题。但如果它给观者传达的这一全新的综合体的方式是一次政治行动的话，那么我们的关注点就要更多地从建设与发展势必导致的诸多成果，转向社群合作在其中所能带来的成效。事实上，维持生存并非难题，哪怕学科和业界陷入深重的危机，建造活动在人类的生活世界中终将占有一席之地。然而活转回来则必须把历史上一次一次的政治行动转化为不断可检验的过程，成为有助于当前的方法。如果仅从成果的角度来看，或许这本图册中的德绍包豪斯校舍早已是现代建筑历史上值得称道的作品之一，不过或许在很多人看来也就仅此而已。然而简洁有力的话语，包括此前提到过的展示这一综合的方式，胜于作为作品的建成物，它们对建筑学的发展将会产生更为久远的影响，放眼整个现代主义运动，尤是如此。

都曾经在彼得·贝伦斯工作室里实习过，又都成为现代主义建筑史上重要代表人物的密斯·范德罗、格罗皮乌斯和勒·柯布西耶，分别留下了时常被后人提及的警句："少就是多"（密斯），"艺术与技术，新统一"（格罗皮乌斯），"要么建筑、要么革命"（勒·柯布西耶）。

围绕着由建筑本位界定而来的内部与外部、先决与终决，这些警句各有时效。密斯的"少就是多"更关乎建成物自身，竟也成为不断被改写的公式，演变出各种变体，从原本的"少就是多"（less is more）到"少就是乏味（bore）"，再到"少就够了（enough）""是（yes）才更多"等，不一而足。由此，它们各自标记出了不同历史阶段的姿态。

另两者则更取决于同一时代的历史条件，并不与建成物直接相关。"艺术与技术，新统一"作为理念，尚可贯通不同阶段，对位置换，以回应艺术与技术的具体转变，就像我们在总序中指出的那样，这种超越"已经从机器生产、新人构成、批量制造，转变为网络通信、生物技术与金融资本灵活积累的全球地理重构新模式"；而更具煽动性的"要么建筑，要么革命"放到当下，恐再难回响。

如果我们关注的不只是警句的适用性，也不是它本身的对错，而是为了揭示其中显现出的政治视野，那么不妨可以将格罗皮乌斯的政治看作是构建性的，冷静而又理性，而勒·柯布西耶的政治则是僭越的，最为剧烈地在现实与破除现实的理念之间摆荡。不过，现实的吊诡也正在于此，一旦它体现在城市与建筑两种不同的尺度之中，其结果很可能会招致截然相反的评价，尤其是对于那些带有实证思维的批评人而言。

事实上这一警句并非有赖于勒·柯布西耶对革命的全面认识，而只是凭借着他的激情和行动。从消极的意义上来看，这是试图让建筑成为避免革命的行动。不过，弗雷德里克·詹姆逊对此给出了更为积极的辩证解读，我们仍可以将这一意识形态看作是革命的乌托邦，它意味着寻找可替代方案的行动。如果一定要纠结其中"革命"的含义，那么回到历史中的革命主题，我们是否可以将它看作是所谓"后革命氛围"的先声呢？

在阿里夫·德里克的定义中，后革命并不是泛指革命之后的时代，而是指"不革命"：从革命的哀悼到左翼的忧郁，去除革命的行动，回避"革命"这一选项，而更倾向于适应资本主义的世界体系。按照这种看法，曾经的战争与革命随着情势所趋，势必转化为当前的和平与发展，而革命一词之于当下，甚至也可以相当平滑地用来表述技术与生态的创新。然而近十年来的走向以及近来的紧张局面一次又一次地证明，事实并非如此。

直面当下危机的同时，如何重整建筑与城市发展的历史地基？新一轮经济危机的周期给业界和学界带来的并非真正意义上的危机，而至多是被压抑者的回返，并以这种方式与现代主义运动构成了回响。宏观地来看，人们有必要引入解放的视野，历史地来看，这种解放的视野并不是为了回应眼前的危机，恰恰相反，如果没有解放的视野，又哪来所谓的危机。换言之，这是将"危机"，而不是"某种危机"置入世界。

从批判已有的案例出发，比如塔夫里曾经所做的那样，彻底地将建筑与资本主义社会的发展进程关联起来，尽管建筑史中的案例分处不同时代和地域，但事实再次验证了这一知识体系形成的过程终究无法摆脱世界体系这一界限。即便后续更为晚近的如"建筑与资本主义"的历史回溯，也同样面临着相似的处境。我们不妨选择直接跨越到世界革命的历史，这一重述并不是为了填补既有框架中的空白，因为它无法与建筑的历史一一对应，但是我们可以将一般的建造活动既超越又关联地放置在历史的地形之中。

如果此前的建筑如曼纽尔·卡斯特所说的是"社会运动的迂回后果"，或者现代性如亨利·列斐伏尔所认为的那样就是革命失败之后的假名，那么建筑本身在这一世界革命的地质运动中已变得不再重要，至少当我们翻检现有的工具箱时，它显然很难参与其中。但与此同时，建筑本身又将变得更为重要，如果我们真的将这一地质运动当作终极的地平面，那么位于其上的包括但不限于建筑和城市的建成物仍旧是最显而易见的，也隐含着最为普遍的非物质性关联的物质对象。根据结构的因果律来看，革命与建筑不再是历史上的左右选项，但是即便在"后革命氛围"中，在面对那些由曾经剧烈的地质运动带来的断层和沉积时，我们仍可以将革命作为必不可免的限制前提。如果包豪斯那个年代的计划是面向宏观的社会愿景的话，那么当前的问题则是如何走向更为一般意义的建造。

王家浩

265